U0220388

浙大校园花卉与栽培作物

张浚生题

徐正浩 周国宁 顾哲丰 戚航英 沈国军 季卫东 著

浙江大学出版社
ZHEJIANG UNIVERSITY PRESS

图书在版编目（CIP）数据

浙大校园花卉与栽培作物 / 徐正浩等著. — 杭州：
浙江大学出版社，2017.5
ISBN 978-7-308-16881-6

Ⅰ. ①浙… Ⅱ. ①徐… Ⅲ. ①浙江大学—植物志
Ⅳ. ①Q948. 525. 51

中国版本图书馆CIP数据核字（2017）第087545号

内容简介

本书介绍了210种浙江大学校园内的花卉和栽培作物。内容包括中文名、学名、中文异名、英文名、分类地位、形态学特征、生物学特性、分布、景观应用及原色图谱等。本书图文并茂，可读性很强，适合广大普通读者阅读。

浙大校园花卉与栽培作物

徐正浩　周国宁　顾哲丰　戚航英　沈国军　季卫东　著

责任编辑　邹小宁
文字编辑　陈静毅
责任校对　沈巧华　舒莎珊
封面设计　续设计
出版发行　浙江大学出版社
（杭州天目山路148号　邮政编码：310007）
（网址：http://www.zjupress.com）
排　　版　杭州林智广告有限公司
印　　刷　绍兴市越生彩印有限公司
开　　本　889mm × 1194mm　1/16
印　　张　11.75
字　　数　404千
版 印 次　2017年5月第1版　2017年5月第1次印刷
书　　号　ISBN 978-7-308-16881-6
定　　价　218.00元

浙江大学出版社发行中心联系方式：（0571）88925591；http://zjdxcbs.tmall.com

国家公益性行业（农业）科研专项（201403030）

浙江省科技计划项目（2016C32083）

浙江省教育厅科研计划项目（Y201224845）

浙江省科技特派员科技扶贫项目（2014,2015,2016）

浙江省科技计划项目（2008C23010）　　资助

杭州市科技计划项目（20101032B03,20101032B21,20100933B13,20120433B13）

诸暨市科技计划项目（2011BB7461）

浙江省亚热带土壤与植物营养重点研究实验室

污染环境修复与生态健康教育部重点实验室

《浙大校园花卉与栽培作物》著委会

主　著

徐正浩　浙江大学
浙江省常山县辉埠镇人民政府
湖州市农业科学研究院

周国宁　杭州蓝天风景建筑设计研究院有限公司

顾哲丰　浙江大学

戚航英　诸暨市农业技术推广中心

沈国军　绍兴市农业综合开发办公室

季卫东　浙江省常山县农业局

副主著

常　乐　浙江大学

赵南兴　绍兴市上虞区港务局

夏　虹　浙江大学

吕　菲　杭州富阳水务有限公司

方财新　湖州健宝生物科技有限公司

石　翔　浙江科技学院

吕俊飞　浙江大学

张　雅　杭州市农业科学研究院蔬菜研究所

张宏伟　浙江清凉峰国家级自然保护区管理局

徐越畅　浙江理工大学科技与艺术学院

孙映宏　杭州市水文水资源监测总站

张　俊　建德市水文水资源监测站

著　委（按姓氏音序排列）

蔡杭杭　浙江大学

代英超　浙江清凉峰国家级自然保护区管理局

邓　勇　浙江大学

方　苑　建德市水土保持监督站

龚罕军　舟山市农业技术推广中心

何宇梅　浙江大学

林　云　浙江大学

孟　俊　浙江大学

童卓英　浙江大学

王　鸢　浙江大学

肖忠湘　浙江大学

叶燕军　浙江大学

张　腾　浙江大学

朱丽清　浙江大学

陈晓鹏　浙江大学

邓美华　浙江大学

方国民　浙江大学

甘凡军　浙江大学

韩明丽　湖州市农业科学研究院

林济忠　温州市植物保护站

凌　月　浙江大学

沈浩然　浙江大学

王绅吉　浙江大学

吴建中　浙江大学

徐天辰　浙江大学

张后勇　浙江大学

张艺瑶　浙江大学

朱颖频　浙江大学

前言 PREFACE

花卉与栽培作物是浙大校园植物的重要组成部分，既是美丽景观的基本构成要素，又是教学实验和科学研究的植物材料。

栽植于校园的花卉通常与树木和灌木等合理配置，达到整体观赏的效果，同时也可采用盆栽方式装饰和点缀景观，营造赏心悦目、色彩斑斓的场景。校园花卉通常花期集中，盛花期时间短，为了达到更好的观赏效果，需要及时更换花色品种，不断营造绚丽景色。校园花卉色彩、品种相对丰富和集中，但开放式的校园又限制了名贵花卉的不断推出，因而更多表现为大众化。

校园栽培作物主要服务于科研和教学，有助于提高学生的感性认识，培养其科研兴趣，提升其研发能力。栽培作物通常表现出特异性、丰富性、前端性、创新性，往往集中分布于作物标本区、智能温室或实验室，可及性不强。普通栽培的作物往往散见于校园的不同区块，通常在非景观植物栽培区，也有盆栽作物，分布广。

本书收录了浙大校园内的210种花卉与栽培作物，其中浙大校园特色花卉23种，浙大校园其他花卉120种，浙大校园特色栽培作物10种，浙大校园其他栽培作物57种。特色花卉中包括少量灌木性花卉，如牡丹、巴西野牡丹、香水月季等，但以草本类花卉为主，多数为零星种植或引种观察试种的品种。其他花卉种类最多，包括在绿地、庭院、花坛等栽培的品种，也有部分盆栽观赏的花卉品种，总体反映了亚热带地区重要栽培花卉的概貌。特色栽培作物主要是浙大相关专业的教学实验作物，如甜根子草、大麻槿等，还有一些为浙大学者研究的重要栽培作物。其他作物主要是蔬菜类品种，也包括部分粮食作物，而药用类栽培作物相对较少，其中一些作物兼有观赏和食用特性，如向日葵、朝天椒等。

本书采用原色图谱的方式出版，读者通过扼要的文字描述，对照原色图谱，可识别列出的观赏花卉与栽培作物。一些植物为大宗类植物，为各校区所拥有，但一些植物为其中某些校区所特有，故在分布中加以说明。

本书由徐正浩统稿，杭州蓝天风景建筑设计研究院有限公司周国宁、绍兴市农业综合开发办公室沈国军撰写了特色花卉和其他花卉的部分内容，浙江大学顾哲丰、诸暨市农业技术推广中心戚航英、浙江省常山县农业局季卫东撰写了特色栽培作物和其他栽培作物的部分内容。其他人也为本书做了相关工作，特别是已本科和硕士研究生毕业，或出国深造，或走上工作岗位的徐天辰、朱颖频、张艺瑶等同学，在校期间为本书的文字撰写、电脑图片整理等做了大量工作。

特别感谢浙江大学原党委书记张浚生为本书题写书名！

由于作者水平有限，书中错误在所难免，敬请批评指正！

浙江大学　徐正浩

2017年3月于杭州

第一章 浙大校园特色花卉

1. 牡丹 *Paeonia suffruticosa* Andr. 1
2. 芍药 *Paeonia lactiflora* Pall. 2
3. 王莲 *Victoria amazonica* （Poepp.） Sowerby 2
4. 中华萍蓬草 *Nuphar pumila* (Timm) DC. subsp. *sinensis* (Hand.-Mazz.) D. E. Padgett 3
5. 芡实 *Euryale ferox* Salisb. 4
6. 临时救 *Lysimachia congestiflora* Hemsl. 4
7. 聚合草 *Symphytum officinale* Linn. 5
8. 车前叶蓝蓟 *Echium plantagineum* Linn. 6
9. 小天蓝绣球 *Phlox drummondii* Hook. 6
10. 草地鼠尾草 *Salvia pratensis* Linn. 7
11. 毛地黄钓钟柳 *Penstemon laevigatus* subsp. *digitalis* (Nutt. ex Sims) R. W. Benn. 8
12. 蓍 *Achillea millefolium* Linn. 9
13. 松果菊 *Echinacea purpurea* (Linn.) Moench 9
14. 草原松果菊 *Ratibida columnifera* (Nutt.) Woot. et Standl. 10
15. 大慈姑 *Sagittaria montevidensis* Cham. et Schltdl. 11
16. 紫露草 *Tradescantia ohiensis* Raf. 11
17. 百合 *Lilium brownii* F. E. Brown ex Miellez var. *viridulum* Baker 12
18. 小萱草 *Hemerocallis dumortieri* Morr. 13
19. 百子莲 *Agapanthus africanus* （Linn.) Hoffmanns. 13
20. 地涌金莲 *Musella lasiocarpa* (Franch.) Cheesman 14
21. 巴西野牡丹 *Tibouchina seecandra* Cogn. 14
22. 香水月季 *Rosa odorata* (Andr.) Sweet 15
23. 蝴蝶兰 *Phalaenopsis aphrodite* Rchb. f. 15

第二章 浙大校园其他花卉

1. 花叶冷水花 *Pilea cadierei* Gagnep. 17
2. 凤尾鸡冠 *Celosia cristata* ‘Plumosa’ 17
3. 千日红 *Gomphrena globosa* Linn. 18
4. 光叶子花 *Bougainvillea glabra* Choisy 19
5. 大花马齿苋 *Portulaca grandiflora* Hook. 20
6. 环翅马齿苋 *Portulaca umbraticola* Kunth 21
7. 马齿苋树 *Portulacaria afra* Jacq. 22
8. 须苞石竹 *Dianthus barbatus* Linn. 22
9. 香石竹 *Dianthus caryophyllus* Linn. 23
10. 常夏石竹 *Dianthus plumarius* Linn. 24
11. 莲 *Nelumbo nucifera* Gaertn. 25
12. 白睡莲 *Nymphaea alba* Linn. 26
13. 红睡莲 *Nymphaea rubra* Roxb. ex. Andrews 26
14. 虞美人 *Papaver rhoeas* Linn. 27
15. 野罂粟 *Papaver nudicaule* Linn. 28
16. 醉蝶花 *Cleome hassleriana* Chodat 29
17. 羽衣甘蓝 *Brassica oleracea* Linn. var. *acephala* DC. f. *tricolor* Hort. 30
18. 紫罗兰 *Matthiola incana* (Linn.) R. Br. 31
19. 八宝 *Hylotelephium erythrostictum* (Miq.) H. Ohba 32
20. 费菜 *Phedimus aizoon* (Linn.) 't Hart 32
21. 长寿花 *Kalanchoe blossfeldiana* Poelln. 33
22. 景天树 *Crassula arborescens* (Mill.) Willd. 34
23. 香叶天竺葵 *Pelargonium graveolens* L' Hér. 34
24. 马蹄纹天竺葵 *Pelargonium zonale* (Linn.) L' Hér. ex Aiton 35
25. 天竺葵 *Pelargonium × hortorum* L. H. Bailey 35
26. 旱金莲 *Tropaeolum majus* Linn. 36
27. 锦葵 *Malva cathayensis* M. G. Gilbert, Y. Tang et Dorr 37
28. 野葵 *Malva verticillata* Linn. 38
29. 蜀葵 *Alcea rosea* Linn. 39
30. 黄蜀葵 *Abelmoschus manihot* (Linn.) Medicus 40
31. 三色堇 *Viola tricolor* Linn. 40
32. 角堇 *Viola cornuta* Linn. 42
33. 四季秋海棠 *Begonia semperflorens-cultorum* Hort. 43
34. 蟹爪兰 *Zygocactus truncatus* (Haw.) Schum. 44
35. 金边瑞香 *Daphne odora* Thunb. f. *marginata* Makino 44

36. 细叶萼距花　*Cuphea hyssopifolia* Kunth　45
37. 月见草　*Oenothera biennis* Linn.　46
38. 仙客来　*Cyclamen persicum* Mill.　47
39. 茉莉花　*Jasminum sambac* (Linn.) Ait.　48
40. 长春花　*Catharanthus roseus* (Linn.) G. Don　48
41. 细叶美女樱　*Verbena tenera* Spreng.　49
42. 羽裂美女樱　*Verbena bipinnatifida* Nutt.　50
43. 藿香　*Agastache rugosa* (Fisch. et Mey.) O. Ktze.　50
44. 一串红　*Salvia splendens* Sellow ex J. A. Schultes　51
45. 五彩苏　*Plectranthus scutellarioides* (Linn.) R. Br.　52
46. 碧冬茄　*Petunia* × *atkinsiana* D. Don ex W. H. Baxter　53
47. 玄参　*Scrophularia ningpoensis* Hemsl.　55
48. 金鱼草　*Antirrhinum majus* Linn.　56
49. 蓝猪耳　*Torenia fournieri* Linden ex Fourn.　57
50. 香彩雀　*Angelonia angustifolia* Benth.　58
51. 五星花　*Pentas lanceolata* (Forsk.) K. Schum　58
52. 雏菊　*Bellis perennis* Linn.　59
53. 百日菊　*Zinnia elegans* Jacq.　60
54. 秋英　*Cosmos bipinnata* Cav.　61
55. 黄秋英　*Cosmos sulphureus* Cav.　62
56. 万寿菊　*Tagetes erecta* Linn.　63
57. 孔雀菊　*Tagetes patula* Linn.　64
58. 宿根天人菊　*Gaillardia aristata* Pursh.　65
59. 菊花　*Chrysanthemum morifolium* Ramat.　66
60. 黄菊花　*Chrysanthemum morifolium* ‘King’s Pleasure’　67
61. 瓜叶菊　*Pericallis hybrida* B. Nord.　67
62. 大吴风草　*Farfugium japonicum* (Linn.) Kitam.　68
63. 白术　*Atractylodes macrocephala* Koidz.　69
64. 金盏花　*Calendula officinalis* Linn.　69
65. 黄金菊　*Euryops pectinatus* (Linn.) Cass.　70
66. 亚菊　*Ajania pallasiana* (Fisch. ex Bess.) Poljak.　71
67. 两色金鸡菊　*Coreopsis tinctoria* Nutt.　72
68. 皇帝菊　*Melampodium divaricatum* (Rich. ex Rich.) DC.　72
69. 非洲菊　*Gerbera jamesonii* Bolus　73
70. 滨菊　*Leucanthemum vulgare* Lam.　74
71. 白晶菊　*Chrysanthemum paludosum* Poir.　75
72. 雪叶莲　*Jacobaea maritima* (Linn.) Pelser et Meijden　75
73. 苇状羊茅　*Festuca arundinacea* Schreb.　76
74. 花叶芦竹　*Arundo donax* ‘Versicolor’　77
75. 斑叶芒　*Miscanthus sinensis* ‘Zebrinus’　77
76. 细叶芒　*Miscanthus sinensis* ‘Gracillimus’　78
77. 紫芋　*Colocasia tonoimo* Nakai　78
78. 绿萝　*Epipremnum aureum* (Linden et Andre) G. S. Bunting　79
79. 白鹤芋　*Spathiphyllum kochii* Engl. et K. Krause　80
80. 马蹄莲　*Zantedeschia aethiopica* (Linn.) Spreng.　80
81. 花烛　*Anthurium andraeanum* Linden　81
82. 羽叶喜林芋　*Philodendron bipinnatifidum* Schott ex Endl.　82
83. 广东万年青　*Aglaonema modestum* Schott ex Engl.　82
84. 尖尾芋　*Alocasia cucullata* (Lour.) Schott　83
85. 海芋　*Alocasia macrorrhiza* (Linn.) Schott　84
86. 金钱树　*Zamioculcas zamiifolia* (Lodd.) Engl.　85
87. 吊竹梅　*Tradescantia zebrina* (Schinz) D. R. Hunt　85
88. 风信子　*Hyacinthus orientalis* Linn.　86
89. 文竹　*Asparagus setaceus* (Kunth) Jessop　87
90. 石刁柏　*Asparagus officinalis* Linn.　88
91. 蜘蛛抱蛋　*Aspidistra elatior* Bl.　88
92. 万年青　*Rohdea japonica* Roth　89
93. 吊兰　*Chlorophytum comosum* (Thunb.) Baker　90
94. 宽叶吊兰　*Chlorophytum capense* (Linn.) Voss　91
95. 银边吊兰　*Chlorophytum capense* ‘Variegatum’　91
96. 紫萼　*Hosta ventricosa* (Salisb.) Stearn　92
97. 富贵竹　*Dracaena braunii* Engl.　93
98. 长花龙血树　*Dracaena angustifolia* Roxb.　93
99. 金边阔叶山麦冬　*Liriope muscari* ‘Variegata’　93
100. 芦荟　*Aloe vera* (Linn.) Burm. f.　94
101. 山菅　*Dianella ensifolia* (Linn.) DC.　95
102. 紫娇花　*Tulbaghia violacea* Harv.　96
103. 君子兰　*Clivia miniata* (Lindl.) Verschaff.　96
104. 水仙　*Narcissus tazetta* subsp. *chinensis* (M. Roem.) Masam. et Yanagih.　97
105. 石蒜　*Lycoris radiata* (L’ Hér.) Herb.　98
106. 忽地笑　*Lycoris aurea* (L’ Hér.) Herb.　98
107. 长筒石蒜　*Lycoris longituba* Y. Hsu et Q. J. Fan　99
108. 换锦花　*Lycoris sprengeri* Comes ex Baker　100
109. 葱莲　*Zephyranthes candida* (Lindl.) Herb.　101
110. 韭莲　*Zephyranthes carinata* Herb.　102
111. 花朱顶红　*Hippeastrum vittatum* (L’ Hér.) Herb.　102
112. 射干　*Iris domestica* (Linn.) Goldblatt et Mabb.　104
113. 黄菖蒲　*Iris pseudacorus* Linn.　105

114. 鸢尾 *Iris tectorum* Maxim. 105
115. 蝴蝶花 *Iris japonica* Thunb. 106
116. 芭蕉 *Musa basjoo* Sieb. et Zucc. ex Iinuma 108
117. 美人蕉 *Canna indica* Linn. 109
118. 大花美人蕉 *Canna* × *generalis* L. H. Bailey et E. Z. Bailey 110
119. 柔瓣美人蕉 *Canna flaccida* Salisb. 111
120. 花叶美人蕉 Cannaceae × generalis ‘Variegata’ 112

第三章 浙大校园特色栽培作物

1. 莼菜 *Brasenia schreberi* J. F. Gmel. 113
2. 黄麻 *Corchorus capsularis* Linn. 113
3. 长蒴黄麻 *Corchorus olitorius* Linn. 114
4. 大麻槿 *Hibiscus cannabinus* Linn. 114
5. 陆地棉 *Gossypium hirsutum* Linn. 115
6. 海岛棉 *Gossypium barbadense* Linn. 116
7. 甘蔗 *Saccharum officinarum* Roxb. 116
8. 甜根子草 *Saccharum spontaneum* Linn. 117
9. 蔺草 *Schoenoplectus trigueter* (Linn.) Palla 117
10. 蕉芋 *Canna edulis* Ker 118

第四章 浙大校园其他栽培作物

1. 荞麦 *Fagopyrum esculentum* Moench 120
2. 萝卜 *Raphanus sativus* Linn. 121
3. 白菜 *Brassica rapa* Linn. var. *glabra* Regel 122
4. 塌棵菜 *Brassica rapa* Linn. var. *chinensis* (Linn.) Kitam. 122
5. 青菜 *Brassica chinensis* Linn. 123
6. 芸薹 *Brassica rapa* Linn. var. *oleifera* (DC.) Metzg. 124
7. 紫菜薹 *Brassica rapa* Linn. var. *purpuraria* (L. H. Bailey) Kitamura 125
8. 大叶芥菜 *Brassica juncea* (Linn.) Czern. et Coss. var. *foliosa* L. H. Bailey 126
9. 雪里蕻 *Brassica juncea* (Linn.) Czern. et Coss. var. *multiceps* Tsen et Lee 127
10. 甘蓝 *Brassica oleracea* Linn. var. *capitata* Linn. 128
11. 花椰菜 *Brassica oleracea* Linn. var. *botrytis* Linn. 129
12. 草莓 *Fragaria* × *ananassa* Duch. 129
13. 落花生 *Arachis hypogaea* Linn. 130
14. 蚕豆 *Vicia faba* Linn. 131
15. 豌豆 *Pisum sativum* Linn. 132
16. 扁豆 *Lablab purpureus* (Linn.) Sweet 133
17. 菜豆 *Phaseolus vulgaris* Linn. 134
18. 赤小豆 *Vigna umbellata* (Thunb.) Ohwi et Ohashi 135
19. 豇豆 *Vigna unguiculata* (Linn.) Walp. 136
20. 绿豆 *Vigna radiata* (Linn.) R. Wilczak 137
21. 赤豆 *Vigna angularis* (Willd.) Ohwi et Ohashi 137
22. 大豆 *Glycine max* (Linn.) Merr. 138
23. 咖啡黄葵 *Abelmoschus esculentus* (Linn.) Moench 139
24. 胡萝卜 *Daucus carota* Linn. var. *sativa* Hoffm. 140
25. 旱芹 *Apium graveolens* Linn. 141
26. 番薯 *Ipomoea batatas* (Linn.) Lam. 142
27. 辣椒 *Capsicum annuum* Linn. 143
28. 朝天椒 *Capsicum annuum* Linn. var. *conoides* (Mill.) Irish 143
29. 阳芋 *Solanum tuberosum* Linn. 145
30. 茄 *Solanum melongena* Linn. 146
31. 番茄 *Lycopersicon esculentum* Mill. 146
32. 烟草 *Nicotiana tabacum* Linn. 147
33. 芝麻 *Sesamum indicum* Linn. 147
34. 苦瓜 *Momordica charantia* Linn. 148
35. 丝瓜 *Luffa aegyptiaca* Mill. 149
36. 广东丝瓜 *Luffa acutangula* (Linn.) Roxb. 150
37. 冬瓜 *Benincasa hispida* (Thunb.) Cogn. 151
38. 西瓜 *Citrullus lanatus* (Thunb.) Matsumura et Nakai 151
39. 黄瓜 *Cucumis sativus* Linn. 152
40. 葫芦 *Lagenaria siceraria* (Molina) Standl. 153
41. 南瓜 *Cucurbita moschata* (Duch. ex Lam.) Duch. ex Poiret 154
42. 栝楼 *Trichosanthes kirilowii* Maxim. 155
43. 向日葵 *Helianthus annuus* Linn. 155
44. 南茼蒿 *Chrysanthemum segetum* Linn. 156
45. 莴笋 *Lactuca sativa* Linn. var. *angustata* Irish. ex Bremer 157
46. 生菜 *Lactuca sativa* Linn. var. *ramosa* Hort. 158
47. 普通小麦 *Triticum aestivum* Linn. 158
48. 大麦 *Hordeum vulgare* Linn. 159
49. 稻 *Oryza sativa* Linn. 159
50. 高粱 *Sorghum bicolor* (Linn.) Moench 160
51. 玉蜀黍 *Zea mays* Linn. 161
52. 芋 *Colocasia esculenta* (Linn.) Schott 162
53. 洋葱 *Allium cepa* Linn. 163
54. 葱 *Allium fistulosum* Linn. 163

55. 蒜　*Allium sativum* Linn. 164
56. 韭　*Allium tuberosum* Rottl. ex Spreng. 165
57. 姜　*Zingiber officinale* Rosc. 165

参考文献 167
索引 168
索引 1　拉丁学名索引 168
索引 2　中文名索引 172

第一章　浙大校园特色花卉

1. 牡丹 *Paeonia suffruticosa* Andr.

分类地位：芍药科（Paeoniaceae）芍药属（*Paeonia* Linn.）

形态学特征：落叶灌木。茎高达2m，分枝短、粗。叶2回3出复叶，柄长5~11cm，近枝顶叶为3片小叶。顶生小叶宽卵形，长7~8cm，宽5.5~7cm，3裂至中部，裂片不裂或2~3浅裂，叶面绿色，无毛，叶背淡绿色，有时具白粉，小叶柄长1~3cm。侧生小叶狭卵形或长圆状卵形，长4.5~6.5cm，宽2.5~4cm，不等2裂至3浅裂或不裂，近无柄。花单生于枝顶，径10~17cm。花梗长4~6cm。苞片5片，长椭圆形，大小不等。萼片5片，绿色，宽卵形，大小不等。花瓣5片，或重瓣，玫瑰色、红紫色、粉红色至白色，变异大，倒卵形，长5~8cm，宽4.2~6cm，顶端呈不规则波状。雄蕊长1~1.7cm，花丝紫红色、粉红色，上部白色，长1~1.5cm，花药长圆形，长达4mm。花盘革质，杯状，紫红色，顶端有数个锐齿或裂片，完全包住心皮，在心皮成熟时开裂。心皮5个，密生柔毛。蓇葖果长圆形，密生黄褐色硬毛。

生物学特性：花期5月，果期6月。

分布：原产于中国。广布于世界温暖地区。紫金港校区有栽培。

景观应用：观赏花卉。

牡丹叶（徐正浩摄）

牡丹花（徐正浩摄）

牡丹花期植株（徐正浩摄）

牡丹景观植株（徐正浩摄）

2. 芍药 *Paeonia lactiflora* Pall.

中文异名：白芍

英文名：peony

分类地位：芍药科（Paeoniaceae）芍药属（*Paeonia* Linn.）

形态学特征：多年生草本。根粗壮，分枝黑褐色。茎高40~70cm，无毛。下部茎生叶为2回3出复叶，上部茎生叶为3出复叶。小叶狭卵形、椭圆形或披针形，顶端渐尖，基部楔形或偏斜，边缘具白色骨质细齿，两面无毛，背面沿叶脉疏生短柔毛。花数朵，生于茎顶和叶腋，有时仅顶端1朵开放，而近顶端叶腋处有发育不好的花芽，径8~11.5cm。苞片4~5片，披针形，大小不等。萼片4片，宽卵形或近圆形，长1~1.5cm，宽1~2cm。花瓣9~13片，倒卵形，长3.5~6cm，宽1.5~4.5cm，白色，有时基部具深紫色斑块。花丝长0.7~1.5cm，黄色。花盘浅杯状，包裹心皮基部，顶端裂片钝圆。心皮4~5个，无毛。蓇葖果长2.5~3cm，径1.2~1.5cm，顶端具喙。

生物学特性：花期5—6月，果期8月。

分布：中国河北、山西及内蒙古东部等地有分布。朝鲜、日本、蒙古、俄罗斯等也有分布。多数校区有分布。

景观应用：观赏花卉。

芍药枝叶（徐正浩摄）

芍药花（徐正浩摄）

芍药花期植株（徐正浩摄）

芍药居群（徐正浩摄）

3. 王莲 *Victoria amazonica*（Poepp.）Sowerby

英文名：royal water lily

分类地位：睡莲科（Nymphaeaceae）王莲属（*Victoria* Lindl.）

形态学特征：一年生或多年生大型浮叶草本。叶初生时呈针状，长至2~3片时呈矛状，4~5片时呈戟形，6~7片时完全展开呈椭圆形至圆形，到11片后叶缘上翘呈盘状，叶缘直立，叶片圆形，像圆盘浮在水面，直径可达2m，叶面光滑，绿色略带微红，有皱褶，叶背紫红色，叶柄绿色，长2~4m，叶背和叶柄有许多坚硬的刺，叶脉为放射网状。花很大，单生，直径25~40cm，有4片绿褐色的萼片，呈卵状三角形，外面全部长有刺。花瓣数目很多，呈倒卵形，长10~22cm，雄蕊多数，花丝扁平，长8~10mm。子房下部长着密密麻麻的粗刺。浆果呈球形，种子黑色，果实成熟时，内含300~500粒种子，多的可达700粒。种子大小如莲子，富含淀粉，可食用，当地人称之为“水玉米”。种子在水中成熟。

王莲植株（徐正浩摄）

生物学特性：9月前后结果。

分布：原产于南美洲热带地区，主要产于巴西、玻利维亚等国。1959年，中国从德国引种并在温室内栽培成功。紫金港校区有分布。

景观应用：水生观赏植物。

4. 中华萍蓬草 *Nuphar pumila* (Timm) DC. subsp. *sinensis* (Hand.-Mazz.) D. E. Padgett

英文名：least waterlily, small yellow pond-lily, dwarf water lily

分类地位：睡莲科（Nymphaeaceae）萍蓬草属（*Nuphar* J. E. Smith）

形态学特征：多年水生草本。叶纸质，心状卵形，长8.5~15cm，基部弯缺处占叶片的1/3, 裂片开展，叶背边缘密生柔毛，有的部分近无毛，柄长30~40cm，基部有膜质翅，具长柔毛。花径5~6cm。萼片5片，矩圆形或倒卵形，长1.5~2cm。花瓣宽条形，长5~7mm，先端微缺。柱头盘13裂，离生且远离，超出柱头边缘。浆果直径1.5~2cm。种子卵形，长2~3mm，浅褐色。

生物学特性：花果期5—9月。

分布：中国湖南、江西、贵州等地有分布。紫金港校区有分布。

景观应用：水生观赏植物。

中华萍蓬草叶（徐正浩摄）

中华萍蓬草花（徐正浩摄）

中华萍蓬草花期植株（徐正浩摄）

中华萍蓬草居群（徐正浩摄）

5. 芡实 *Euryale ferox* Salisb.

中文异名：假莲藕、刺莲藕、鸡头荷、鸡头莲、鸡头米

英文名：gorgon nut, fox nut, foxnut

分类地位：睡莲科（Nymphaeaceae）芡属（*Euryale* Salisb. ex DC.）

形态学特征：一年生大型水生草本。叶2型。沉水叶箭形或椭圆肾形，长4~10cm，两面无刺，柄无刺。浮水叶革质，椭圆肾形至圆形，径10~130cm，盾状，有或无弯缺，全缘，叶背带紫色，有短柔毛，两面在叶脉分枝处有锐刺，叶柄及花梗粗壮，长可达25cm，皆有硬刺。花长4~5cm。萼片披针形，长1~1.5cm，内面紫色，外面密生稍弯硬刺。花瓣矩圆披针形或披针形，长1.5~2cm，紫红色，呈数轮排列，向内渐变成雄蕊。无花柱，柱头红色，呈凹入的柱头盘。浆果球形，径3~5cm，污紫红色，外面密生硬刺。种子球形，径10~15mm，黑色。

芡实植株（张宏伟摄）

生物学特性：花期7—8月，果期8—9月。

分布：中国南北各地，从黑龙江至云南、广东均有分布。紫金港校区有分布。

景观应用：水生观赏植物。

6. 临时救 *Lysimachia congestiflora* Hemsl.

中文异名：聚花过路黄

英文名：denseflower loosestrife herb

分类地位：报春花科（Primulaceae）珍珠菜属（*Lysimachia* Linn.）

形态学特征：多年生草本。茎下部匍匐，节上生根，上部及分枝上升，长6~50cm，圆柱形，密被多细胞卷曲柔毛，分枝纤细，有时仅顶端具叶。叶对生，近密聚，卵形、阔卵形或近圆形，近等大，长 0.7~4.5cm，宽0.6~3cm，先端锐尖或钝，基部近圆形或截形，叶面绿色，叶背较淡，有时沿中肋和侧脉染紫红色，两面多少被具节糙伏毛，近边缘有暗红色或有时变为黑色的腺点，侧脉2~4对，在叶背稍隆起，网脉纤细，不显，长0.3~2cm，具草质狭边缘。花2~4朵集生于茎端和枝端，呈近头状总状花序，在花序下方的1对叶腋有时具单生花。花梗极短或长至2mm。花萼长5~8.5mm，分裂近达基部，裂片披针形，宽1~1.5mm。花冠黄色，内面基部紫红色，长9~11mm，基部合生部

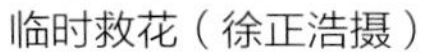

临时救花（徐正浩摄）

临时救居群（徐正浩摄）

分长2~3mm，常5裂，裂片卵状椭圆形至长圆形，宽3~6.5mm，先端锐尖或钝，散生暗红色或变黑色的腺点。花丝下部合生，形成长2~2.5mm的筒，分离部分长2.5~4.5mm。花药长圆形，长1.5mm。子房被毛，花柱长5~7mm。蒴果球形，径3~4mm。

生物学特性：花期5—6月，果期7—10月。

分布：中国甘肃、陕西及长江以南各地有分布。缅甸、不丹、越南等也有分布。紫金港校区有分布。

景观应用：地被花卉。

7. 聚合草　*Symphytum officinale* Linn.

英文名：common comfrey, true comfrey, Quaker comfrey, cultivated comfrey, boneset, knitbone, consound, slippery-root

分类地位：紫草科（Boraginaceae）聚合草属（*Symphytum* Linn.）

形态学特征：丛生型多年生草本。高30~90cm，全株被向下稍弧曲的硬毛和短伏毛。主根粗壮，淡紫褐色。茎数条，直立或斜生，有分枝。基生叶通常50~80片，具长柄，叶带状披针形、卵状披针形至卵形，长30~60cm，宽10~20cm，稍肉质，先端渐尖。茎中部叶和上部叶较小，无柄，基部下延。花序含多朵花。花萼裂至近基部，裂片披针形，先端渐尖。花冠长14~15mm，淡紫色、紫红色至黄白色，裂片三角形，先端外卷，喉部附属物披针形，长3~4mm，不伸出花冠檐。花药长3~3.5mm，顶端有稍凸出的药隔，花丝长2~3mm，下部与花药近等宽。子房常不育，偶尔个别花内成熟1个小坚果。小坚果歪卵形，长3~4mm，黑色，平滑，有光泽。

生物学特性：花期5—10月。

分布：原产于俄罗斯等。中国于1963年引进，现在广泛栽培。华

聚合草花期植株（徐正浩摄）

聚合草花（张宏伟提供）

家池校区有栽培。

景观应用：景观花卉。

8. 车前叶蓝蓟 *Echium plantagineum* Linn.

英文名：purple viper's-bugloss or Paterson's curse, blueweed, Lady Campbell weed, Riverina bluebell

分类地位：紫草科（Boraginaceae）蓝蓟属（*Echium* Linn.）

形态学特征：一年生草本。植株高20~60cm。主根粗壮，淡紫褐色。茎数条，直立或斜升，有分枝，被粗糙毛。叶长圆状披针形或狭披针形，长2.5~5cm，宽3~4.5mm，先端渐尖，基部狭楔形或耳状，几无柄。花常紫色，长15~20mm，生于穗状分枝上。花萼5深裂，裂片近三角形，先端尖，刺状。花冠漏斗状，两侧对称，裂片4片，上部裂片常2裂，下部裂片显著长于上部裂片，侧生2片裂片最短，卵圆形。雄蕊5枚，伸出冠外，花丝紫红色、粉红色或白色，花药紫色。

生物学特性：花期5—6月，果期7—8月。

分布：原产于欧洲西部和南部、非洲北部、亚洲西南部等地。紫金港校区有分布。

景观应用：外来花卉或地被草本植物。

车前叶蓝蓟花（徐正浩摄）

车前叶蓝蓟花序（徐正浩摄）

车前叶蓝蓟景观植株（徐正浩摄）

9. 小天蓝绣球 *Phlox drummondii* Hook.

中文异名：福禄考

英文名：blue phlox

分类地位：花荵科（Polemoniaceae）天蓝绣球属（*Phlox* Linn.）

形态学特征：一年生草本。茎直立，高15~45cm，单一或分枝，被腺毛。下部叶对生，上部叶互生，宽卵形、长圆形和披针形，长2~7.5cm，顶端锐尖，基部渐狭或半抱茎，全缘，叶面有柔毛，无柄。圆锥状聚伞花序顶生，有短柔毛，花梗短。花萼筒状，萼裂片披针状钻形，长2~3mm，外面有柔毛，结果期开展或外弯。花冠高脚碟状，径1~2cm，淡红、深红、紫、白、淡黄等色，裂片圆形，比花冠管稍短。雄蕊和花柱比花冠短。蒴果椭圆形，长3~5mm，下有宿存花萼。种子长圆形，长1~2mm，褐色。

小天蓝绣球花（徐正浩摄）

小天蓝绣球植株（徐正浩摄）

生物学特性：花期4月，果期5月。

分布：原产于墨西哥。紫金港校区有分布。

景观应用：地被花卉。

10. 草地鼠尾草 *Salvia pratensis* Linn.

英文名：meadow clary, meadow sage

分类地位：唇形科（Labiatae）鼠尾草属（*Salvia* Linn.）

形态学特征：多年生草本。株高80~120cm。茎直立，分枝少或不分枝，具4条棱，被腺毛和软毛。叶对生，灰绿色，皱缩，茎下部叶长圆状，长达15cm，先端钝，基部心形，具长柄，叶向上渐短，变小。花茎多分枝。轮伞花序具4~6朵花，组成疏离穗状花序。萼黑棕色。花冠长2~3cm，具长冠筒，2片唇片，上唇鸡冠状，下唇3片裂片，中央裂片比侧生2片裂片大，花色紫色或蓝紫色至蓝白色。2枚雄蕊伸出上唇。果实4瓣裂。

生物学特性：花期6—7月。

分布：原产于欧洲、亚洲西部和非洲北部。紫金港校区有分布。

景观应用：地被草本花卉。

草地鼠尾草花（徐正浩摄）

草地鼠尾草茎下部叶（徐正浩摄）

草地鼠尾草花序（徐正浩摄）

草地鼠尾草景观植株（徐正浩摄）

11. 毛地黄钓钟柳 *Penstemon laevigatus* subsp. *digitalis* (Nutt. ex Sims) R. W. Benn.

中文异名：毛地黄叶钓钟柳

英文名：foxglove beardtongue

分类地位：车前科（Plantaginaceae）钓钟柳属（*Penstemon* Schmidel.）

形态学特征：多年生草本。株高60~80cm。茎直立丛生。叶交互对生，无柄，卵形至披针形。花单生或3~4朵着生于叶腋，呈不规则总状花序，花色有白、粉、蓝紫等色。

生物学特性：花期4—5月。

分布：原产于美国东部。紫金港校区有栽培。

景观应用：地被草本花卉。

毛地黄钓钟柳茎生叶（徐正浩摄）

毛地黄钓钟柳花（徐正浩摄）

毛地黄钓钟柳花序（徐正浩摄）

毛地黄钓钟柳果实（徐正浩摄）

毛地黄钓钟柳植株（徐正浩摄）

毛地黄钓钟柳成株（徐正浩摄）

12. 蓍　*Achillea millefolium* Linn.

中文异名：千叶蓍

英文名：yarrow, common yarrow

分类地位：菊科（Compositae）蓍属（*Achillea* Linn.）

形态学特征：多年生草本。具细的匍匐根茎。茎直立，高40~100cm，有细条纹，通常被白色长柔毛，上部分枝或不分枝，中部以上叶腋常有缩短的不育枝。叶无柄，披针形、矩圆状披针形或近条形，长5~7cm，宽1~1.5cm，2~3回羽状全裂，叶轴宽1.5~2mm，1回裂片多数，间隔1.5~7mm，有时基部裂片之间的上部有1个中间齿，末回裂片披针形至条形，长0.5~1.5mm，宽0.3~0.5mm。头状花序多数，密集成直径2~6cm的复伞房状。总苞矩圆形或近卵形，长3~4mm，宽2~3mm，疏生柔毛。总苞片3层，覆瓦状排列，椭圆形至矩圆形，长1.5~3mm，宽1~1.3mm，背面中间绿色，中脉凸起，边缘膜质，棕色或淡黄色。花舌片近圆形，白色、粉红色或淡紫红色，长1.5~3mm，宽2~2.5mm，顶端2~3个齿。盘花两性，管状，黄色，长2.2~3mm，5齿裂，外面具腺点。瘦果矩圆形，长1~2mm，淡绿色，有狭的淡白色边肋，无冠毛。

蓍叶（徐正浩摄）

生物学特性：花果期7—9月。

分布：中国新疆、内蒙古及东北有野生。欧洲、非洲北部及伊朗、蒙古、俄罗斯东部也有分布。紫金港校区有栽培。

景观应用：地被草本花卉。

蓍花（徐正浩摄）

蓍景观植株（徐正浩摄）

13. 松果菊　*Echinacea purpurea*（Linn.）Moench

中文异名：紫锥菊、紫锥花

英文名：purple coneflower, eastern purple coneflower, hedgehog coneflower

分类地位：菊科（Compositae）松果菊属（*Echinacea* Moench）

形态学特征：多年生草本植物。株高60~150cm。全株具粗毛，茎直立。基生叶卵形或三角形，茎生叶卵状披针形，叶柄基部稍抱茎。头状花序单生于枝顶，或多数聚生，花径达10cm，舌状花紫红色，管状花橙黄色。

生物学特性： 花期6—7月。

分布： 原产于北美洲中部及东部。紫金港校区有栽培。

景观应用： 地被草本花卉。

松果菊茎叶（徐正浩摄）

松果菊花（徐正浩摄）

松果菊花序（徐正浩摄）

松果菊花期植株（徐正浩摄）

14. 草原松果菊 *Ratibida columnifera* (Nutt.) Woot. et Standl.

英文名： upright prairie coneflower , Mexican hat

分类地位： 菊科（Compositae）那提比达菊属（*Ratibida* Raf.）

草原松果菊叶（徐正浩摄）

草原松果菊花（徐正浩摄）

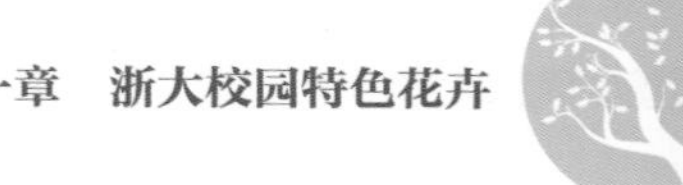

形态学特征：二年生或多年生草本。茎具粗毛，株高30~100cm。叶互生，羽状分裂，裂片线状至狭披针形，全缘。中盘花柱状，长1.5~4cm。舌状花黄色，带紫红色，管状花红褐色。

生物学特性：花期6—9月。

分布：原产于加拿大。紫金港校区有栽培。

景观应用：景观花卉。

15. 大慈姑　*Sagittaria montevidensis* Cham. et Schltdl.

英文名：giant arrowhead , California arrowhead.

分类地位：泽泻科（Alismataceae）慈姑属（*Sagittaria* Linn.）

形态学特征：多年生水生或沼生草本。根状茎横走，粗壮。无地上茎。挺水叶箭形，长达28cm，宽达23cm，叶柄海绵状，圆柱形，长达75cm，径达8cm。花序总状或圆锥状，直立、倾斜或卧伏。花轮状或成对着生于节上，花径2~3cm。萼片3片。花瓣白色，具酒红色的斑块。花梗长4~5cm。

生物学特性：花期6—9月。

分布：原产于美洲。华家池校区、紫金港校区有栽培。

景观应用：水生景观草本花卉。也用于盆栽。

大慈姑叶（徐正浩摄）

大慈姑花（徐正浩摄）

大慈姑花期植株（徐正浩摄）

16. 紫露草　*Tradescantia ohiensis* Raf.

英文名：bluejacket

分类地位：鸭跖草科（Commelinaceae）紫露草属（*Tradescantia* Ruppius ex Linn.）

形态学特征：多年生草本植物。茎直立分节，簇生，株高25~50cm。叶互生，单株具5~7片叶。叶线形或披针形，长15~30cm，宽6~12mm。花序顶生，伞形。萼片3片，卵圆形，绿色。花瓣3片，广卵形，蓝紫色。雄蕊6枚，3枚退化，2枚可育，1枚短而纤细，无花药。雌蕊1枚，子房卵圆形，具3室，花柱细长，柱头锤状。蒴果近圆形，长5~7mm，无毛。种子橄榄形，长2~3mm。

生物学特性：花期6—10月。

分布：原产于美洲热带地区。紫金港校区有分布。

景观应用：景观草本花卉。

紫露草花（徐正浩摄）

紫露草景观植株（徐正浩摄）

17. 百合 *Lilium brownii* F. E. Brown ex Miellez var. *viridulum* Baker

中文异名：夜合花

英文名：lily

百合花（徐正浩摄）

分类地位：百合科（Liliaceae）百合属（*Lilium* Linn.）

形态学特征：鳞茎球形，径2~4.5cm。鳞片披针形，长1.8~4cm，宽0.8~1.5cm，无节，白色。茎高0.7~2m。叶散生，常自下向上渐小，披针形、窄披针形至条形，长7~15cm，宽0.6~2cm，先端渐尖，基部渐狭，具5~7条脉，全缘。花单生或数朵排成近伞形。花梗长3~10cm。苞片披针形，长3~9cm，宽0.6~2cm。花喇叭形，乳白色，外面稍带紫色，无斑点，向外张开或先端外弯而不卷，长13~18cm。外轮花被片宽2~4cm，先端尖。内轮花被片宽3~5cm。雄蕊向上弯，花丝长10~12cm。花药长椭圆形，长1~1.5cm。子房圆柱形，长3~3.5cm，宽

百合苗（徐正浩摄）

百合植株（徐正浩摄）

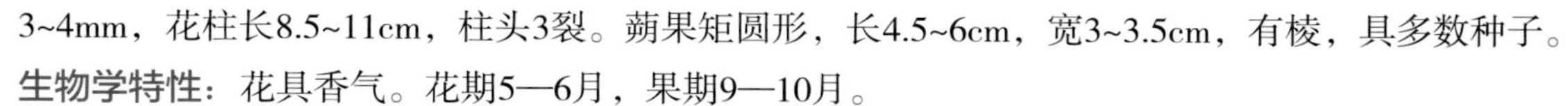

3~4mm，花柱长8.5~11cm，柱头3裂。蒴果矩圆形，长4.5~6cm，宽3~3.5cm，有棱，具多数种子。

生物学特性：花具香气。花期5—6月，果期9—10月。

分布：中国河北、山西、河南、陕西、湖北、湖南、江西、安徽和浙江等地有分布。紫金港校区有分布。

景观应用：观赏花卉。

18. 小萱草　*Hemerocallis dumortieri* Morr.

分类地位：百合科（Liliaceae）萱草属（*Hemerocallis* Linn.）

形态学特征：花较小，长5~7cm。内花被裂片较窄，披针形，宽1~1.5cm。根粗，多少肉质。花蕾上部带红褐色。花葶明显短于叶。苞片较狭，卵状披针形。蒴果近圆形。

生物学特性：花期9—11月。

分布：中国东北等地有分布。朝鲜、日本和俄罗斯也有分布。多数校区有栽培。

景观应用：观赏草本花卉。

小萱草花（徐正浩摄）

小萱草花期植株（徐正浩摄）

19. 百子莲　*Agapanthus africanus*（Linn.）Hoffmanns.

中文异名：紫君子兰、蓝花君子兰、非洲百合

英文名：African lily

分类地位：石蒜科（Amaryllidaceae）百子莲属（*Agapanthus* L' Hér.）

形态学特征：多年生宿根草本。叶线状披针形。花茎直立，高达60cm。伞形花序，有花10~50朵。花漏斗状，深蓝色或白色，花药最初为黄色，后变成黑色。

生物学特性：花期7—8月。

分布：原产于南非。紫金港校区有栽培。

景观应用：地被草本花卉。

百子莲花序梗（徐正浩摄）

百子莲植株（徐正浩摄）

20. 地涌金莲 *Musella lasiocarpa* (Franch.) Cheesman

中文异名：地金莲、地涌莲、地母金莲

英文名：golden lotus banana, hairyfruit musella

分类地位：芭蕉科（Musaceae）地涌金莲属（*Musella*（Fr.）C. Y. Wu ex H. W. Li）

形态学特征：多年生丛生草本。具根状茎。假茎矮小。植株高不及0.6m。叶大型，长椭圆形，叶柄下部增大，具抱茎叶鞘。花序直立，直接生于假茎上，密集如球穗状。苞片淡黄色或黄色，干膜质，宿存，每一苞片内有花2列，下部苞片内的花为两性花或雌花，上部苞片内的花为雄花。合生花被片先端具5个齿，离生花被片先端微凹，凹陷处有短尖头。雄蕊5枚。子房3室，胚珠多数。浆果三棱状卵形，被极密硬毛。种子较大，扁球形，光滑，腹面有大而明显的种脐。

地涌金莲叶（徐正浩摄）

生物学特性：花期8—10月。

分布：中国西部有分布。紫金港校区有栽培。

景观应用：地被观赏植物。

地涌金莲花序（徐正浩摄）

地涌金莲花期植株（徐正浩摄）

21. 巴西野牡丹 *Tibouchina seecandra* Cogn.

巴西野牡丹花（徐正浩摄）

分类地位：野牡丹科（Melastomataceae）光荣树属（*Tibouchina* Aubl.）

形态学特征：常绿灌木。高0.6~1.5m。茎四菱形，分枝多，枝条红褐色。叶革质，披针状卵形，长3~7cm，宽1.5~3cm，顶端渐尖，基部楔形，全缘，5条基出脉，隆起。伞形花序着生于分枝顶端，近头状，具花3~5朵。花萼长6~8mm，顶端圆钝。花瓣5片，紫色。雄蕊明显伸长。蒴果坛状球形。

生物学特性：周年开花。

分布：原产于巴西。华家池校区有栽培。

景观应用：观赏花卉。

22. 香水月季　*Rosa odorata* (Andr.) Sweet

分类地位：蔷薇科（Rosaceae）蔷薇属（*Rosa* Linn.）

形态学特征：常绿或半常绿攀缘灌木。小叶5~9片，连叶柄长5~10cm。小叶片椭圆形、卵形或长圆卵形，长2~7cm，宽1.5~3cm，先端急尖或渐尖，基部楔形或近圆形，边缘有紧贴的锐锯齿。花单生或2~3朵簇生。花径6~8cm。花梗长2~3cm。花瓣重瓣，黄色或橘黄色。

生物学特性：花芳香。花期6—9月。

分布：中国云南等地有分布。紫金港校区有栽培。

景观应用：观赏花卉。

香水月季花（徐正浩摄）

橘黄香水月季植株（徐正浩摄）

23. 蝴蝶兰　*Phalaenopsis aphrodite* Rchb. f.

中文异名：蝶兰、台湾蝴蝶兰

英文名：moth orchid

分类地位：兰科（Orchidaceae）蝴蝶兰属（*Phalaenopsis* Bl.）

形态学特征：茎短，常被叶鞘所包裹。叶片稍肉质，常3~4片，椭圆形、长圆形或镰刀状长圆形，长10~20cm，宽3~6cm，先端锐尖或钝，基部楔形或有时歪斜，叶面绿色，叶背紫色。花序侧生于茎的基部，长达50cm，不分枝或有时分枝。中萼片近椭圆形，长2.5~3cm，宽1.5~2cm，先端钝，基部稍收狭，具网状脉。侧萼片歪

蝴蝶兰红花（徐正浩摄）

蝴蝶兰黄花（徐正浩摄）

蝴蝶兰黄花植株（徐正浩摄）

卵形，长2.5~3.5cm，宽1.5~2cm，先端钝，基部狭，具网状脉。花瓣菱状圆形，长2.5~3.5cm，宽2.5~4cm，先端圆形，基部收狭成短爪，具网状脉。唇瓣3裂，基部具长7~9mm的爪。侧裂片直立，倒卵形，长1.5~2cm，先端圆形或锐尖，基部狭，具红色斑点或细条纹，在两侧裂片之间和中裂片基部相交处具1个黄色肉突。中裂片似菱形，长1.5~3cm，宽1.5~2cm，先端渐狭，基部楔形。蕊柱粗壮，长6~8mm，具宽的蕊柱足。花白色。经改良品种花色、花型多样。

生物学特性：花期长。花期4—6月。

分布：中国台湾等地有分布。华家池校区有栽培，多数校区有分布。

景观应用：观赏花卉。

蝴蝶兰植株（徐正浩摄）

蝴蝶兰居群（徐正浩摄）

第二章　浙大校园其他花卉

1. 花叶冷水花　*Pilea cadierei* Gagnep.

中文异名：金边山羊血、冷水花

英文名：aluminium plant , watermelon pilea

分类地位：荨麻科（Urticaceae）冷水花属（*Pilea* Lindl.）

形态学特征：多年生草本或半灌木。全株无毛。具匍匐根茎。茎肉质，下部多少木质化，高15~40cm。叶多汁，同对的近等大，倒卵形，长2.5~6cm，宽1.5~3cm，先端骤凸，基部楔形或钝圆，边缘自下部以上有数个不整齐的浅牙齿或呈啮蚀状，叶面深绿色，中央有2条（有时在边缘也有2条）间断的白斑，叶背淡绿色，基出脉3条，侧生2条稍弧曲，伸达上部与邻近的侧脉环结，柄长0.7~1.5cm。雌雄异株。雄花序头状，常成对生于叶腋，花序梗长1.5~4cm，团伞花簇径6~10mm。雄花倒梨形，长2~2.5mm，梗长2~3mm，花被片4片，合生至中部，雄蕊4枚，退化雌蕊圆锥形，不明显。雌花长0.5~1mm，花被片4片，近等长，略短于子房。瘦果卵形或近圆形，多少扁压，常稍偏斜，表面平滑或有瘤状突起，稀隆起呈鱼眼状。种子无胚乳。

生物学特性：花期9—11月。

分布：原产于越南中部山区。多数校区有分布。

景观应用：景观花卉。

花叶冷水花茎叶（徐正浩摄）

花叶冷水花居群（徐正浩摄）

2. 凤尾鸡冠　*Celosia cristata*‘Plumosa’

中文异名：凤尾鸡冠花

分类地位：苋科（Amaranthaceae）青葙属（*Celosia* Linn.）

形态学特征：鸡冠花（*Celosia cristata* Linn.）的栽培变种。与鸡冠花的主要区别在于花序由多数小花序聚集成穗状或圆锥花序状。一年生草本植物。株高30~60 cm。茎直立。叶卵状披针形。种子黑色有光泽。

生物学特性：花期7—10月，果期9—11月。

分布：各校区有分布。

景观应用：景观花卉及盆栽观赏。

凤尾鸡冠植株（徐正浩摄）

3. 千日红 *Gomphrena globosa* Linn.

中文异名：火球花、百日红

英文名：globe amaranth , bachelor button

分类地位：苋科（Amaranthaceae）千日红属（*Gomphrena* Linn.）

形态学特征：一年生直立草本。高20~60cm。茎直立，粗壮，有分枝，枝略呈四棱形，有灰色糙毛，幼时更密，节部稍膨大。叶纸质，长椭圆形或矩圆状倒卵形，长3.5~13cm，宽1.5~5cm，顶端急尖或圆钝，凸尖，基部渐狭，边缘波状，两面被白色长柔毛及缘毛，柄长1~1.5mm。花多数，密生，呈顶生球形或矩圆形头状花序，径2~2.5cm，常紫红色，有时淡紫色或白色。总苞由2片绿色对生叶状苞片组成，卵形或心形，长1~1.5cm。苞片卵形，长3~5mm，

千日红叶（徐正浩摄）

千日红花（徐正浩摄）

千日红植株（徐正浩摄）

千日红居群（徐正浩摄）

白色，顶端紫红色。小苞片三角状披针形，长1~1.2cm，紫红色，内面凹陷，顶端渐尖，背棱有细锯齿缘。花被片披针形，长5~6mm，不展开，顶端渐尖，外面密生白色绵毛，花期后不变硬。雄蕊花丝连合成管状，顶端5浅裂，花药生在裂片的内面，微伸出。花柱条形，比雄蕊管短，柱头2个，叉状分枝。胞果近球形，径2~2.5mm。种子肾形，棕色，光亮。

生物学特性：花果期6—10月。

分布：原产于美洲热带地区。各校区有分布。

景观应用：景观花卉。

4. 光叶子花　*Bougainvillea glabra* Choisy

中文异名：宝巾、三角花、三角梅

英文名：lesser bougainvillea, papperflower

分类地位：紫茉莉科（Nyctaginaceae）叶子花属（*Bougainvillea* Comm. ex Juss.）

形态学特征：藤状灌木。茎粗壮，枝下垂，无毛或疏生柔毛，刺腋生，长5~15mm。叶纸质，卵形或卵状披针形，长5~13cm，宽3~6cm，顶端急尖或渐尖，基部圆形或宽楔形，叶面无毛，叶背被微柔毛，柄长0.6~1cm。花顶生于枝端的3片苞片内，花梗与苞片中脉贴生，每片苞片上生1朵花。苞片叶状，紫色或洋红色，长圆形或椭圆形，长2.5~3.5cm，宽1.5~2cm，纸质。花被管长1.5~2cm，淡绿色，疏生柔毛，有棱，顶端5浅裂。雄蕊6~8枚。花柱侧生，线形，边缘扩展成薄片状，柱头尖。花盘基部合生，呈环状，上部撕裂状。

生物学特性：花期冬春季。温室栽培四季开花。

分布：原产于美洲热带地区。玉泉校区、华家池校区、西溪校区、紫金港校区有分布。

景观应用：观赏花卉。

光叶子花枝叶（徐正浩摄）

光叶子花的花（徐正浩摄）

光叶子花花序（徐正浩摄）

光叶子花植株（徐正浩摄）

5. 大花马齿苋 *Portulaca grandiflora* Hook.

中文异名：半支莲、太阳花、午时花、洋马齿苋

英文名：barbed skullcap, rose moss, eleven o'clock, Mexican rose, moss rose, Vietnam rose, sun rose, rock rose, moss-rose purslane

分类地位：马齿苋科（Portulacaceae）马齿苋属（*Portulaca* Linn.）

形态学特征：一年生草本。高10~30cm。茎平卧或斜升，紫红色，多分枝，节上丛生毛。叶密集于枝端，较下的叶分开，不规则互生，叶片细圆柱形，有时微弯，长1~2.5cm，径2~3mm，顶端圆钝，无毛，柄极短或近无柄。花单生或数朵簇生于枝端，径2.5~4cm。总苞8~9片，叶状，轮生，具白色长柔毛。萼片2片，淡黄绿色，卵状三角形，长5~7mm，顶端急尖，多少具龙骨状突起，两面均无毛。花瓣5片，或重瓣，倒卵形，顶端微凹，长12~30mm，红色、紫色或黄白色。雄蕊多数，长5~8mm，花丝紫色，基部合生。花柱与雄蕊近等长，柱头5~9裂，线形。蒴果近椭圆形，盖裂。种子细小，多数，圆肾形，直径不及1mm，铅灰色、灰褐色或灰黑色，具珍珠光泽，表面有小瘤状突起。

生物学特性：花日开夜闭。花期6—9月，果期8—11月。

分布：原产于巴西。多数校区有分布。

景观应用：景观花卉，常植于公园、花圃。

大花马齿苋叶（徐正浩摄）

大花马齿苋红花（徐正浩摄）

大花马齿苋白花（徐正浩摄）

大花马齿苋红花植株（徐正浩摄）

大花马齿苋白花植株（徐正浩摄）

6. 环翅马齿苋　*Portulaca umbraticola* Kunth

环翅马齿苋茎叶（徐正浩摄）

中文异名：阔叶马齿苋、阔叶半枝莲

英文名：wingpod purslane

分类地位：马齿苋科（Portulacaceae）马齿苋属（*Portulaca* Linn.）

形态学特征：一年生至多年生草本。植株低矮，株高15~25cm。茎细弱，径2.5~4.5mm，基部与上部近等粗，有棱，直立、平卧或斜升。叶卵圆形、长椭圆形或倒卵形，长1.5~2.5cm，宽0.4~0.6cm，先端急尖、突尖或圆钝，常具小尖头，叶面绿色，叶缘时常泛红褐色，全

环翅马齿苋白花（徐正浩摄）

环翅马齿苋黄花（徐正浩摄）

环翅马齿苋粉红花（徐正浩摄）

环翅马齿苋红花植株（徐正浩摄）

环翅马齿苋粉红花植株（徐正浩摄）

环翅马齿苋黄花植株（徐正浩摄）

缘，几无柄。花单生于枝端，径3.5~4.5cm，花瓣5片，花色有红、白、黄、粉红、橘红、桃红等色。雄蕊多数，花药黄色，花丝黄白色。花柱超出雄蕊，柱头5裂。蒴果具环翅。

生物学特性：花期春季至秋季。

分布：原产于美国。多数校区有分布。

景观应用：景观花卉，常植于花坛、草地等。

7. 马齿苋树 *Portulacaria afra* Jacq.

中文异名：金枝玉叶树、马齿苋、银杏木、小叶玻璃翠

英文名：elephant bush, dwarf jade plant, porkbush , spekboom

分类地位：龙树科（Didiereaceae）马齿苋树属（*Portulacaria* Jacq.）

形态学特征：多年生半常绿直立灌木或小乔木。植株高2.5~4.5m。茎肉质，紫褐色至浅褐色，分枝近水平伸出，新枝在阳光充足的条件下呈紫红色，若光照不足，则为绿色。叶互生或对生，倒卵圆形、圆形或倒卵状三角形，长0.8~2cm，宽4~15mm，先端圆钝或平截，稍凹陷，基部渐狭，下延，全缘，叶面绿色，略带黄色，几无柄。花两性，辐射对称或左右对称。萼片通常2片。花瓣粉红色，4~5片，稀更多，常早萎。雄蕊4枚至多枚，通常10枚。子房1室，上位或半下位至下位，有胚珠1个至多个，生于基生的中央胎座上。蒴果盖裂或2~3瓣裂。

生物学特性：喜光、耐旱，不耐低温，最适生长温度20~25℃。

分布：原产于非洲南部。多数校区有分布。

景观应用：盆栽花卉或景观花卉。

马齿苋树枝叶（徐正浩摄）

马齿苋树植株（徐正浩摄）

马齿苋树景观植株（徐正浩摄）

8. 须苞石竹 *Dianthus barbatus* Linn.

中文异名：五彩石竹、美国石竹

英文名：sweet william

分类地位：石竹科（Caryophyllaceae）石竹属（*Dianthus* Linn.）

形态学特征：多年生草本。高30~60cm，全株无毛。茎直立，有棱。叶披针形，长4~8cm，宽0.6~1cm，顶端急尖，

须苞石竹茎叶（徐正浩摄）

基部渐狭，合生成鞘，全缘，中脉明显。花多数，集成头状，有数片叶状总苞片。花梗极短。苞片4片，卵形，顶端尾状尖，边缘膜质，具细齿，与花萼等长或比花萼稍长。花萼筒状，长1~1.5cm，裂齿锐尖。花瓣具长爪，瓣片卵形，通常红紫色，有白点斑纹，顶端齿裂，喉部具茸毛。雄蕊稍露于外。子房长圆形，花柱线形。蒴果卵状长圆形，长1.5~2cm，顶端4裂至中部。种子褐色，扁卵形，平滑。

生物学特性：花果期5—10月。

分布：中国东北等地有分布。俄罗斯远东地区和朝鲜北部也有分布。紫金港校区有栽培。

景观应用：景观草本花卉。

须苞石竹花（徐正浩摄）

须苞石竹花序（徐正浩摄）

须苞石竹花期植株（徐正浩摄）

须苞石竹植株（徐正浩摄）

9. 香石竹 *Dianthus caryophyllus* Linn.

中文异名：康乃馨、大花石竹、麝香石竹、狮头石竹

英文名：carnation , clove pink

分类地位：石竹科（Caryophyllaceae）石竹属（*Dianthus* Linn.）

形态学特征：多年生草本。高40~70cm，全株无毛，粉绿色。茎丛生，直立，基部木质化，上部稀疏分枝。叶线状披针形，长4~14cm，宽2~4mm，顶端长渐尖，基部稍成短鞘，中脉明显，叶面下凹，叶背稍凸起。花常单生于

枝端，有时2朵或3朵，粉红、紫红或白色。花梗短于花萼。苞片4~6片，宽卵形，顶端短凸尖，长达花萼1/4。花萼圆筒形，长2.5~3cm，萼齿披针形，边缘膜质。花瓣5片，瓣片倒卵形，顶缘具不整齐齿，基部具长瓣柄。雄蕊8~10枚，长达喉部。子房卵形。花柱3个，伸出花外，长2~2.5cm。蒴果卵球形，稍短于宿存萼。种子扁球形，边缘具狭翅。

生物学特性：花有香气。花期5—8月，果期8—9月。

分布：原产于欧洲地中海沿岸。玉泉校区、紫金港校区有分布。

景观应用：观赏花卉。

香石竹白花（徐正浩摄）

香石竹白花植株（徐正浩摄）

香石竹植株（徐正浩摄）

10. 常夏石竹 *Dianthus plumarius* Linn.

中文异名：羽裂石竹、地被石竹

英文名：gargen pinks, wild pink

分类地位：石竹科（Caryophyllaceae）石竹属（*Dianthus* Linn.）

形态学特征：多年生常绿宿根草本。株高25~35cm。茎蔓状簇生，上部分枝，光滑，被白粉。叶长披针形或长线形，灰绿色。基生叶簇生，长2~6cm，宽2~4mm，长渐尖，内卷，呈凹陷状，背面中脉凸出。茎生叶对生，叶形与基生叶相似，基部抱茎。顶生叶小，锥状，先端刺尖。花顶生于枝端，常具2~3朵花。花瓣5片，裂片倒卵形或倒三角状卵形，顶缘具三角状牙齿，突尖。花色具粉红、紫、白等。

生物学特性：花期5—10月。

常夏石竹花（徐正浩摄）

常夏石竹花序（徐正浩摄）

常夏石竹成株（徐正浩摄）

常夏石竹景观植株（徐正浩摄）

分布：原产于欧洲。紫金港校区有分布。

景观应用：观赏花卉。常用作绿地、花坛和花境地被草本景观花卉。

11. 莲　*Nelumbo nucifera* Gaertn.

中文异名：荷花、莲花

英文名：Indian lotus, sacred lotus, bean of India, lotus

分类地位：睡莲科（Nymphaeaceae）莲属（*Nelumbo* Adans.）

形态学特征：多年生水生草本。根状茎横生，肥厚，节间膨大，内有多数纵行通气孔道，节部缢缩，上生黑色鳞叶，下生须状不定根。叶圆形，盾状，径25~90cm，全缘稍呈波状，叶面光滑，具白粉，叶背脉从中央射出，

莲花（徐正浩摄）

莲花果（徐正浩摄）

莲花果期植株（徐正浩摄）

莲景观植株（徐正浩摄）

有1~2次叉状分枝，柄粗壮，圆柱形，长1~2m，中空，外面散生小刺。花梗和叶柄等长或稍长，散生小刺。花径10~20cm。花瓣多数，红色、粉红色或白色，瓣片矩圆状椭圆形至倒卵形，长5~10cm，宽3~5cm，由外向内渐小，先端圆钝或微尖。花药条形，花丝细长。心皮多数，埋藏于倒圆锥形的花托孔穴内，花后花托逐渐增大，径5~10cm，具孔穴15~30个。花柱极短，柱头顶生。坚果椭圆形或卵形，长1.8~2.5cm，果皮革质，坚硬，熟时褐色。种子卵形或椭圆形，长1.2~1.7cm，种皮红色或白色。

生物学特性： 花芳香。花期6—8月，果期8—10月。

分布： 中国南北各地有分布。俄罗斯、朝鲜、日本、越南及亚洲南部、大洋洲也有分布。各校区有分布。

景观应用： 浅水域景观草本花卉。也用于盆栽。

12. 白睡莲 *Nymphaea alba* Linn.

中文异名： 欧洲白睡莲

英文名： white water lily, white waterlily, white pond lily, European white water lily, white water rose, white nenuphar

分类地位： 睡莲科（Nymphaeaceae）睡莲属（*Nymphaea* Linn.）

形态学特征： 多年水生草本。根状茎匍匐。叶纸质，近圆形，径10~25cm，基部具深弯缺，裂片尖锐，近平行或开展，全缘或波状，两面无毛，叶面深绿色，平滑，叶背淡褐色，具深褐色斑纹，柄长达50cm。花径10~20cm。花梗和叶柄近等长。萼片披针形，长3~5cm，脱落或花期后腐烂。花瓣20~25片，白色，卵状矩圆形，长3~5.5cm，外轮比萼片稍长。花托圆柱形。花药先端不延长，花粉粒皱缩，具乳突。柱头扁平，具14~20条辐射线，扁平。浆果扁平至半球形，长2.5~3cm。种子椭圆形，长2~3cm。

生物学特性： 花芳香。花期6—8月，果期8—10月。

分布： 中国河北、山东、陕西、浙江等地有分布。印度、俄罗斯及欧洲也有分布。玉泉校区、西溪校区、紫金港校区有分布。

景观应用： 浅水域景观草本花卉。

白睡莲花（徐正浩摄）

白睡莲花期植株（徐正浩摄）

13. 红睡莲 *Nymphaea rubra* Roxb. ex. Andrews

英文名： red water lily, red waterlily, red pond lily, red water rose, red nenuphar

分类地位： 睡莲科（Nymphaeaceae）睡莲属（*Nymphaea* Linn.）

形态学特征： 和白睡莲近似。花瓣玫瑰红色。

生物学特性： 花芳香，近全日开放。花期6—8月，果期8—10月。

分布： 原产于印度。紫金港校区有分布。

景观应用： 浅水域景观草本花卉。

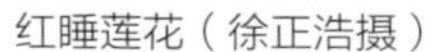
红睡莲花（徐正浩摄）

红睡莲花期植株（徐正浩摄）

14. 虞美人 *Papaver rhoeas* Linn.

中文异名：丽春花

英文名：common poppy, corn poppy, corn rose, field poppy, Flanders poppy, red poppy

分类地位：罂粟科（Papaveraceae）罂粟属（*Papaver* Linn.）

形态学特征：一年生草本。全体被伸展的刚毛，稀无毛。茎直立，高25~90cm，具分枝，被淡黄色刚毛。叶互生，轮廓披针形或狭卵形，长3~15cm，宽1~6cm，羽状分裂，下部全裂，全裂片披针形和2回羽状浅裂，上部深裂或浅裂，裂片披针形，最上部粗齿羽状浅裂，顶生裂片通常较大，小裂片先端均渐尖，两面被淡黄色刚毛，叶脉在叶背凸起，在叶面略凹。下部叶具柄，上部叶无柄。花单生于茎和分枝顶端。花梗长10~15cm，被淡黄色平展的刚毛。花蕾长圆状倒卵形，下垂。萼片2片，宽椭圆形，长1~1.8cm，绿色，外面被刚毛。花瓣4片，圆形、横向宽椭圆形

虞美人茎叶（徐正浩摄）

虞美人花（徐正浩摄）

虞美人花果（徐正浩摄）

虞美人居群（徐正浩摄）

或宽倒卵形，长2.5~4.5cm，全缘，稀圆齿状或顶端缺刻状，紫红色，基部通常具深紫色斑点。雄蕊多数，花丝丝状，长6~8mm，深紫红色，花药长圆形，长0.5~1mm，黄色。子房倒卵形，长7~10mm，无毛，柱头5~18个，辐射状，连合成扁平、边缘圆齿状的盘状体。蒴果宽倒卵形，长1~2.2cm，无毛，具不明显的肋。种子多数，肾状长圆形，长0.5~1mm。

生物学特性：花果期3—8月。

分布：原产于欧洲。各校区有分布。

景观应用：景观草本花卉。

15. 野罂粟 *Papaver nudicaule* Linn.

中文异名：山罂粟

英文名：Iceland poppy

分类地位：罂粟科（Papaveraceae）罂粟属（*Papaver* Linn.）

形态学特征：多年生草本。高20~60cm。主根圆柱形，延长，上部2~5mm，向下渐狭，或为纺锤状。根茎短，增粗，通常不分枝，密盖麦覆瓦状排列的残枯叶鞘。茎极短缩。叶全部基生。叶轮廓卵形至披针形，长3~8cm，羽状浅裂、深裂或全裂，裂片2~4对，全缘或再次羽状浅裂或深裂，小裂片狭卵形、狭披针形或长圆形，先端急尖、钝或圆，两面稍具白粉，密被或疏被刚毛，极稀近无毛，柄长5~12cm，基部扩大成鞘，被斜展的刚毛。花葶1个至数个，圆柱形，直立，密被或疏被斜展的刚毛。花单生于花葶顶端。花蕾宽卵形至近球形，长1.5~2cm，密被褐色刚毛，通常下垂。萼片2片，舟状椭圆形，早落。花瓣4片，宽楔形或倒卵形，长1.5~3cm，边缘具浅波状圆齿，基

野罂粟白花（徐正浩摄）

野罂粟橙黄花（徐正浩摄）

野罂粟橘红花（徐正浩摄）

野罂粟黄花植株（徐正浩摄）

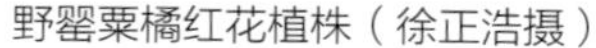
野罂粟橘红花植株（徐正浩摄）

野罂粟居群（徐正浩摄）

部具短爪，淡黄色、黄色或橙黄色，稀红色。雄蕊多数，花丝钻形，长0.6~1cm，黄色或黄绿色，花药长圆形，长1~2mm，黄白色、黄色或稀带红色。子房倒卵形至狭倒卵形，长0.5~1cm，密被紧贴的刚毛，柱头4~8个，辐射状。蒴果狭倒卵形、倒卵形或倒卵状长圆形，长1~1.7cm，密被紧贴的刚毛，具4~8条淡色的宽肋。柱头盘平扁，具疏离、缺刻状的圆齿。种子多数，近肾形，小，褐色，表面具条纹和蜂窝小孔穴。

生物学特性： 花果期5—9月。

分布： 中国河北、山西、内蒙古、黑龙江、陕西、宁夏、新疆等地有分布。中亚和北美洲等也有分布。紫金港校区有分布。

景观应用： 景观花卉。

16. 醉蝶花 *Cleome hassleriana* Chodat

中文异名： 西洋白花菜

英文名： spiderflower, spider flower, spider plant, pink queen

分类地位： 山柑科（Capparaceae）醉蝶花属（*Cleome* Linn.）

形态学特征： 一年生强壮草本。高1~1.5m，全株被黏质腺毛，有托叶刺，刺长达4mm，尖利，外弯。掌状复叶具5~7片小叶。小叶草质，椭圆状披针形或倒披针形，中央小叶盛大，长6~8cm，宽1.5~2.5cm，最外侧的最小，长1.5~2cm，宽4~5mm，基部锲形，狭延成小叶柄，与叶柄相连接处稍呈蹼状，顶端渐狭或急尖，有短尖头，两面被毛，背面中脉或侧脉上常有刺，侧脉10~15对，柄长2~8cm，常有淡黄色皮刺。总状花序长达40cm，密被黏质腺毛。苞片1片，叶状，卵状长圆形，长5~20mm，无柄或近无柄，基部多少心形。花蕾圆筒形，长2~2.5cm，径3~4mm，无毛。花梗长2~3cm，被短腺毛，单生于苞片腋内。萼片4片，长6mm，长圆状椭圆形，顶端渐尖，外被腺毛。花瓣粉红色，少见白色，在芽中时覆瓦状排列，无毛，爪长5~12mm，瓣片倒卵状匙形，长10~15mm，宽4~6mm，顶端圆形，基部渐狭。雄蕊6枚，花丝长3.5~4cm，花药线形，长7~8mm。雄蕊柄长1~3mm。雌蕊柄长4cm，果期略有增长。子房柱形，长3~4mm，无毛。几无花柱，柱头头状。果圆柱形，长5.5~6.5cm，中部径3~4mm，两端稍钝，表面近平坦或微呈念珠状，有细而密且不甚清晰的脉纹。种子径1.5~2mm，表面近平滑或有小疣状突起，不具假种皮。

醉蝶花叶（徐正浩摄）

醉蝶花的花（徐正浩摄）

醉蝶花植株（徐正浩摄）

生物学特性：有特殊臭味。花期初夏，果期夏末秋初。

分布：原产于美洲热带地区。华家池校区有分布。

景观应用：观赏花卉。用于花坛、草地等栽培观赏。

17. 羽衣甘蓝 *Brassica oleracea* Linn. var. *acephala* DC. f. *tricolor* Hort.

中文异名：叶牡丹

英文名：collard, kale, ornamental kale

分类地位：十字花科（Cruciferae）芸薹属（*Brassica* Linn.）

形态学特征：甘蓝的园艺变种。与甘蓝（*Brassica oleracea* Linn.）的主要区别在于叶皱缩，呈白黄、黄绿、粉

羽衣甘蓝花期植株（徐正浩摄）

羽衣甘蓝白黄植株（徐正浩摄）

羽衣甘蓝紫红植株（徐正浩摄）

羽衣甘蓝居群（徐正浩摄）

生，狭披针形、椭圆状披针形至卵状倒披针形，长3.5~8cm，宽1.2~2cm，先端渐尖，基部楔形，边缘有不整齐的锯齿。聚伞花序有多朵花，水平分枝，平展。萼片5片，线形，肉质，不等长，长3~5mm，先端钝。花瓣5片，黄色，长圆形至椭圆状披针形，长6~10mm，有短尖。雄蕊10枚，较花瓣短。鳞片5片，近正方形，长0.2~0.3mm，心皮5个，卵状长圆形，基部合生，腹面凸出，花柱长钻形。蓇葖果星芒状排列，长5~7mm。种子椭圆形，长0.5~1mm。

生物学特性：花期6—7月，果期8—9月。

分布：中国长江流域及北部各地有分布。朝鲜、日本、俄罗斯、蒙古也有分布。多数校区有分布。

景观应用：景观花卉。常用于盆栽。

费菜花（徐正浩摄）

费菜植株（徐正浩摄）

21. 长寿花　*Kalanchoe blossfeldiana* Poelln.

中文异名：圣诞长寿花、矮生伽蓝菜、寿星花

分类地位：景天科（Crassulaceae）伽蓝菜属（*Kalanchoe* Adans.）

形态学特征：多年生肉质草本。茎直立，株高10~30cm。叶肉质，交互对生，椭圆状长圆形或卵圆形，长4~8cm，宽2~6cm，上部叶缘具波状钝齿，下部全缘，深绿色，具光泽，边略带红色。圆锥状聚伞花序，花序长7~10cm。花径1.2~1.5cm。花瓣4片，花色有绯红、桃红、粉红、橙红、黄、橙黄和白等色。

生物学特性：花期12月至翌年4月。

分布：原产于南欧。多数校区有分布。

景观应用：盆栽花卉。

长寿花的花（徐正浩摄）

长寿花花序（徐正浩摄）

长寿花植株（徐正浩摄）

22. 景天树 *Crassula arborescens* (Mill.) Willd.

英文名： silver dollar plant

分类地位： 景天科（Crassulaceae）青锁龙属（*Crassula* Linn.）

形态学特征： 多浆肉质亚灌木。株高1~3m。茎干肉质，粗壮，干皮灰白，色浅，分枝多，小枝褐绿色，色深。叶肉质，卵圆形，长3~5.5cm，宽1.5~3cm。筒状花径1.5~2cm。花瓣5片，白色或淡粉色。雄蕊5枚，较花瓣短，花丝银白色，花药白色，略带紫色。鳞片5片，长圆形，长3~4mm。

生物学特性： 花期春末夏初。

分布： 原产于非洲南部。多数校区有分布。

景观应用： 盆栽花卉。

景天树叶（徐正浩摄）

景天树植株（徐正浩摄）

23. 香叶天竺葵 *Pelargonium graveolens* L' Hér.

英文名： rose-scented pelargonium, wildemalva

分类地位： 牻牛儿苗科（Geraniaceae）天竺葵属（*Pelargonium* L' Hér.）

形态学特征： 多年生草本或灌木状。高可达1m。茎直立，基部木质化，上部肉质，密被具光泽的柔毛，有香味。叶互生。托叶宽三角形或宽卵形，长6~9mm，先端急尖。叶柄与叶片近等长，被柔毛。叶近圆形，基部心形，径2~10cm，掌状5~7裂达中部或近基部，裂片矩圆形或披针形，小裂片边缘为不规则的齿裂或锯齿，两面被长糙毛。伞形花序与叶对生，长于叶，具花5~12朵。苞片卵形，被短柔毛，边缘具绿毛。花梗长3~8mm或几无梗。萼片长卵形，绿色，长6~9mm，宽2~3mm，先端急尖，距长4~9mm。花瓣玫瑰色或粉红色，长为萼片的2倍，先端钝圆，上面2片较大。雄蕊与萼片近等长，下部扩展。心皮被茸毛。蒴果长1.5~2cm，被柔毛。

香叶天竺葵花（徐正浩摄）

生物学特性： 花期5—7月，果期8—9月。

分布： 原产于非洲南部。各校区有栽培。

景观应用： 景观花卉。常用于盆栽。

香叶天竺葵花序（徐正浩摄）

香叶天竺葵花期植株（徐正浩摄）

24. 马蹄纹天竺葵 *Pelargonium zonale* (Linn.) L' Hér. ex Aiton

英文名： horse-shoe pelargonium, wildemalva

分类地位： 牻牛儿苗科（Geraniaceae）天竺葵属（*Pelargonium* L' Hér.）

形态学特征： 多年生直立草本或半灌木。植株高30~40cm。茎单生，肉质，被毛。叶互生。叶片心状圆形，长3~3.5cm，宽5~5.5cm，边缘具圆钝浅齿，叶面有深而明显的马蹄纹环带。伞形花序腋生，花多数。总花梗长10~20cm。花长8~10mm，花蕾下垂。花梗短。苞片宽卵形。萼片长4~6mm。花瓣深红色，细长，上方2片稍大。

生物学特性： 花期5—7月，果期6—9月。

分布： 中国各地普遍栽培。原产于非洲南部。多数校区有分布。

景观应用： 景观花卉。常用于盆栽。

马蹄纹天竺葵叶（徐正浩摄）

马蹄纹天竺葵花序（徐正浩摄）

马蹄纹天竺葵花期植株（徐正浩摄）

25. 天竺葵 *Pelargonium* × *hortorum* L. H. Bailey

中文异名： 洋绣球

英文名： geranium, zonal geranium, garden geranium, malva

分类地位： 牻牛儿苗科（Geraniaceae）天竺葵属（*Pelargonium* L' Hér.）

形态学特征：由马蹄纹天竺葵和小叶天竺葵（*Pelargonium inquinans* (Linn). L' Hér.）杂交育成的园艺栽培种。多年生草本。高30~60cm。茎直立，基部木质化，上部肉质，多分枝或不分枝，具明显的节，密被短柔毛，具浓裂鱼腥味的叶互生。托叶宽三角形或卵形，长7~15mm，被柔毛和腺毛。叶圆形或肾形，茎部心形，径3~7cm，边缘波状浅裂，具圆形齿，两面被透明短柔毛，表面叶缘以内有暗红色马蹄形环纹，柄长3~10cm，被细柔毛和腺毛。伞形花序腋生，具多朵花，总花梗长于叶，被短柔毛。总苞片数片，宽卵形。花梗长3~4cm，被柔毛和腺毛，芽期下垂，花期直立。萼片狭披针形，长8~10mm，外面密被腺毛和长柔毛。花瓣红色、橙红、粉红或白色，宽倒卵形，长12~15mm，宽6~ 8mm，先端圆形，基部具短爪，下面3片通常较大。子房密被短柔毛。蒴果长2~3cm，被柔毛。种子无胚乳。

生物学特性：花4月以后盛开，在温室冬季也能开花。

分布：原产于非洲南部。华家池校区、紫金港校区有分布。

景观应用：景观花卉。也常用于盆栽。

天竺葵茎叶（徐正浩摄）

天竺葵花（徐正浩摄）

天竺葵花期植株（徐正浩摄）

天竺葵景观植株（徐正浩摄）

26. 旱金莲 *Tropaeolum majus* Linn.

旱金莲叶（徐正浩摄）

中文异名：荷叶七、旱莲花

英文名：garden nasturtium, Indian cress, monks cress

分类地位：旱金莲科（Tropaeolaceae）旱金莲属（*Tropaeolum* Linn.）

形态学特征：一年生肉质草本。蔓生，无毛或被疏毛。叶互生，盾状，叶片圆形，径3~10cm，具主脉9条，由叶柄着生处向四面放射，边缘为波浪形的浅缺刻，叶背通常被疏毛或有乳突点，柄长3.5~17cm。单花腋生。花

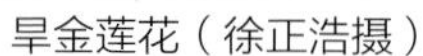

旱金莲花（徐正浩摄）

旱金莲花期植株（徐正浩摄）

梗长6~13cm。花径2.5~6cm。花托杯状。萼片5片，长椭圆状披针形，长1.5~2cm，宽5~7mm，基部合生，边缘膜质，其中1片延长成1个长距，距长2.5~3.5cm，渐尖。花瓣5片，黄色、紫色、橘红色或杂色，通常圆形，边缘有缺刻，上部2片通常全缘，长2.5~5cm，宽1~1.8cm，着生在距的开口处，下部3片基部狭窄成爪，近爪处边缘具睫毛。雄蕊8枚，长短互间，分离。子房3室，花柱1个，柱头3裂，线形。果扁球形，成熟时分裂成3个具1粒种子的瘦果。

生物学特性：花期6—10月，果期7—11月。

分布：原产于南美洲。多数校区有分布。

景观应用：观赏花卉。常栽植于花坛边，也用于盆栽。

27. 锦葵　*Malva cathayensis* M. G. Gilbert, Y. Tang et Dorr

分类地位：锦葵科（Malvaceae）锦葵属（*Malva* Linn.）

形态学特征：二年生或多年生直立草本。高50~90cm，分枝多，疏被粗毛。叶圆心形或肾形，具5~7片圆齿状钝裂片，长5~12cm，宽几相等，基部近心形至圆形，边缘具圆锯齿，两面均无毛或仅脉上疏被短糙伏毛，柄长4~8cm，近无毛，但上面槽内被长硬毛。托叶偏斜，卵形，具锯齿，先端渐尖。花3~11朵簇生，花梗长1~2cm，无毛或疏被

锦葵花（徐正浩摄）

锦葵苗（徐正浩摄）

锦葵花期植株（徐正浩摄）

锦葵景观植株（徐正浩摄）

粗毛。小苞片3片，长圆形，长3~4mm，宽1~2mm，先端圆形，疏被柔毛。花萼杯状，长6~7mm，裂片5片，宽三角形，两面均被星状疏柔毛。花紫红色或白色，径3.5~4cm。花瓣5片，匙形，长1.5~2cm，先端微缺，爪具茸毛。雄蕊柱长8~10mm，被刺毛，花丝无毛。花柱分枝9~11个，被微细毛。 果扁圆形，径5~7mm，分果瓣9~11个，肾形，被柔毛。种子黑褐色，肾形，长2mm。

生物学特性： 花期5—7月，果期7—8月。

分布： 中国广泛分布。印度也有分布。各校区有分布。

景观应用： 景观花卉。常植于绿地、花坛，也用于盆栽。

28. 野葵 *Malva verticillata* Linn.

英文名： cluster mallow

分类地位： 锦葵科（Malvaceae）锦葵属（*Malva* Linn.）

形态学特征： 二年生草本。高50~100cm。茎直立，被星状长柔毛。叶肾形或圆形，径5~11cm，通常掌状5~7裂，裂片三角形，具钝尖头，边缘具钝齿，两面被极疏糙伏毛或近无毛，柄长2~8cm，近无毛，上面槽内被茸毛。托叶卵状披针形，被星状柔毛。花3朵至多朵簇生于叶腋，具极短柄至近无柄。小苞片3片，线状披针形，长5~6mm，被纤毛。萼杯状，径5~8mm，萼裂5片，广三角形，疏被星状长硬毛。花冠长稍微超过萼片，淡白色至淡红色，花瓣5片，长6~8mm，先端凹入，爪无毛或具少数细毛。雄蕊柱长3~4mm，被毛。花柱分枝10~11个。果扁球形，径5~7mm，分果瓣10~11个，背面平滑，厚0.5~1mm，两侧具网纹。种子肾形，径1~1.5mm，无毛，紫褐色。

野葵叶（徐正浩摄）

生物学特性： 花期4—5月，果期6—7月。

分布： 中国华东、华南、西南等地有分布。印度、缅甸、朝鲜、埃及、埃塞俄比亚及欧洲等也有分布。华家池校区、之江校区有分布。

景观应用： 景观植物。

野葵花（徐正浩摄）

野葵生境植株（徐正浩摄）

29. 蜀葵 *Alcea rosea* Linn.

中文异名：一丈红

英文名：hollyhock, common hollyhock

分类地位：锦葵科（Malvaceae）蜀葵属（*Alcea* Linn.）

形态学特征：二年生直立草本。高达2m。茎枝密被刺毛。叶近圆心形，径6~16cm，掌状5~7浅裂或具波状棱角，裂片三角形或圆形，叶面疏被星状柔毛，粗糙，叶背被星状长硬毛或茸毛，柄长5~15cm，被星状长硬毛。托叶卵形，长6~8mm，先端具3个尖头。花腋生，单生或近簇生，排列成总状花序，具叶状苞片，花梗长3~5mm，果期延长至1~2.5cm，被星状长硬毛。小苞片杯状，常6~7裂，裂片卵状披针形，长8~10mm，密被星状粗硬毛，基部合生。萼钟状，径2~3cm，5齿裂，裂片卵状三角形，长1.2~1.5cm，密被星状粗硬毛。花大，径6~10cm，有红、紫、白、粉红、黄和黑紫等色，单瓣或重瓣，花瓣倒卵状三角形，长3.5~4cm，先端凹缺，基部狭，爪被长茸毛。雄蕊柱无毛，长1.5~2cm，花丝纤细，长1~2mm，花药黄色。花柱分枝多数，微被细毛。果盘状，径1.5~2cm，被短柔毛，分果瓣近圆形，多数，背部厚达1mm，具纵槽。

生物学特性：花果期5—11月。

分布：原产于中国西南地区。多数校区有分布。

景观应用：园林观赏花卉。

蜀葵茎叶（徐正浩摄）

蜀葵白花（徐正浩摄）

蜀葵粉红花（徐正浩摄）

蜀葵红花（徐正浩摄）

蜀葵苗（徐正浩摄）

蜀葵花期植株（徐正浩摄）

蜀葵植株（徐正浩摄）

30. 黄蜀葵 *Abelmoschus manihot* (Linn.) Medicus

中文异名：棉花葵、山棉花、秋茄花

英文名：aibika, sunset muskmallow, sunset hibiscus, hibiscus manihot

分类地位：锦葵科（Malvaceae）秋葵属（*Abelmoschus* Medicus）

形态学特征：一年生草本。高1~2m。茎疏被长硬毛。叶掌状5~9深裂，径15~30cm，裂片长圆状披针形，长8~18cm，宽1~6cm，具粗钝锯齿，两面疏被长硬毛，柄长6~18cm，疏被长硬毛。托叶披针形，长11~1.5cm。花单生于枝端叶腋。小苞片4~5片，卵状披针形，长15~25mm，宽4~5mm，疏被长硬毛。萼佛焰苞状，5裂，近全缘，长于小苞片，被柔毛，果期脱落。花大，淡黄色，内面基部紫色，径10~12cm。雄蕊柱长1.5~2cm，花药近无柄。柱头紫黑色，匙状盘形。蒴果卵状椭圆形，长4~5cm，径2.5~3cm，被硬毛。种子多数，肾形，被柔毛组成的条纹多条。

生物学特性：花期8—10月。果期10—11月。

分布：原产于中国南方。印度也有分布。华家池校区有分布。

景观应用：景观花卉。

黄蜀葵花（徐正浩摄）

黄蜀葵景观植株（徐正浩摄）

31. 三色堇 *Viola tricolor* Linn.

中文异名：猴面花、鬼脸花、猫儿脸

英文名：herb trinity, herbs trinity, herb trinities, wild pansy, Johnny Jump up, heartsease, heart's ease, heart's delight, tickle-my-fancy, Jack-jump-up-and-kiss-me, come-and-cuddle-me, three faces in a hood, love-in-idleness

分类地位：堇菜科（Violaceae）堇菜属（*Viola* Linn.）

形态学特征：一年生无毛草本。主根短细，灰白色。地上茎高达30cm，多分枝。基生叶有长柄，叶片近圆心形，茎生叶矩圆状卵形或宽披针形，边缘具圆钝锯齿。托叶大，基部羽状深裂成条形或狭条形的裂片。花大，两侧对称，径3~6cm，侧向，通常每朵花有3色，即蓝色、黄色、白色。花梗长，从叶腋生出，每梗1朵花。萼片5片，绿色，矩圆状披针形，顶端尖，全缘，底部的大。花瓣5片，近圆形，假面状，覆瓦状排列，距短钝、而直。果椭圆形，3瓣裂。

生物学特性：耐寒，喜凉爽，喜光。光照是开花的重要限制因子。花期4—7月，果期5—8月。经温室培育的，花期可调节至暖冬、早春等时期。

分布：原产于欧洲。各校区有分布。

景观应用：观赏花卉。常植于花坛、公园、庭院、绿地等。

三色堇叶（徐正浩摄）

三色堇紫红花（徐正浩摄）

三色堇黄花（徐正浩摄）

三色堇白花（徐正浩摄）

三色堇白底紫斑花（徐正浩摄）

三色堇紫花（徐正浩摄）

三色堇紫底黄白斑花（徐正浩摄）

三色堇花期植株（徐正浩摄）

32. 角堇 *Viola cornuta* Linn.

中文异名：角堇菜

英文名：horned pansy, horned violet

分类地位：堇菜科（Violaceae）堇菜属（*Viola* Linn.）

形态学特征：株高 10~30cm，宽20~30cm。茎直立，短，分枝能力强，具4条棱，嫩茎绿色，老茎常为紫绿色。叶互生，披针形或卵形，有叶柄。花腋生，花梗长5~6cm，径 2.5~4cm。花色丰富，花瓣有红、白、黄、紫、蓝等颜色，常有花斑，有时上瓣和下瓣呈不同颜色。果实为蒴果。

生物学特性：耐寒，忌高温，但较三色堇耐高温。开花对日照长短不敏感，露地栽培时间长。

分布：原产于北欧。各校区有分布。

景观应用：观赏花卉。常植于花坛、公园、庭院、绿地等。

角堇叶（徐正浩摄）

角堇白花（徐正浩摄）

角堇黄花（徐正浩摄）

角堇不同颜色花瓣的花（徐正浩摄）

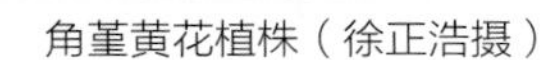

角堇黄花植株（徐正浩摄）

角堇花期植株（徐正浩摄）

33. 四季秋海棠 *Begonia semperflorens-cultorum* Hort.

中文异名：四季海棠、蚬肉秋海棠、玻璃翠

英文名：clubbed begonia

分类地位：秋海棠科（Begoniaceae）秋海棠属（*Begonia* Linn.）

形态学特征：多年生肉质草本。高15~30cm。根纤维状。茎直立，肉质，无毛或上部被疏毛，基部多分枝。叶互生，卵形或宽卵形，长5~8cm，宽3.5~6cm，先端急尖或稍钝，基部略偏斜，呈心形，边缘具锯齿和睫毛，两面光亮，绿色，主脉通常微红，柄长1~2cm。托叶干膜质，卵状椭圆形，边缘稍具细缘毛。聚伞花序生于上部叶腋，具多朵花。花红色、淡红色或白色。雄花较大，径1~3cm，花被片4片，雄蕊多数，花丝分离，药隔顶端圆钝。雌花稍小，花被片5片，花柱3个，基部合生，柱头叉裂，裂片螺旋状扭曲。蒴果长1~1.5cm，具3个翅，带红色。

生物学特性：花期3—12月。

分布：原产于巴西。各校区有分布。

景观应用：观赏花卉。常植于花坛、绿地、庭院等。

四季秋海棠白花（徐正浩摄）

四季秋海棠粉红花（徐正浩摄）

四季秋海棠红花（徐正浩摄）

四季秋海棠白花植株（徐正浩摄）

四季秋海棠粉红花植株（徐正浩摄）

四季秋海棠红花植株（徐正浩摄）

34. 蟹爪兰 *Zygocactus truncatus* (Haw.) Schum.

中文异名：螃蟹兰、蟹爪莲、圣诞仙人掌、仙指花

英文名：crab cactus

分类地位：仙人掌科（Cactaceae）蟹爪兰属（*Zygocactus* K. Schum.）

形态学特征：附生肉质植物，常呈灌木状，无叶。茎无刺，多分枝，常悬垂，老茎木质化，稍圆柱形，幼茎及分枝均扁平，每一节间矩圆形至倒卵形，长3~6cm，宽1.5~2.5cm，鲜绿色，有时稍带紫色，顶端截形，两侧各有2~4个粗锯齿，两面中央均有1条肥厚中肋，窝孔内有时具少许短刺毛。花单生于枝顶，玫瑰红色，长6~9cm，两侧对称。花萼1轮，基部短筒状，顶端分离。花冠数轮，下部长筒状，上部分离，愈向内则筒愈长。雄蕊多数，2轮，伸出，向上拱弯。花柱长于雄蕊，深红色，柱头7裂。浆果梨形，红色，径0.6~1cm。

生物学特性：花期11月至翌年1月。

分布：原产于巴西。全球热带、亚热带地区常见栽培。各校区有分布。

景观应用：观赏花卉。常植于公园、庭院或绿地。

蟹爪兰花（徐正浩摄）

35. 金边瑞香 *Daphne odora* Thunb. f. *marginata* Makino

英文名：golden edge winter daphne

分类地位：瑞香科（Thymelaeaceae）瑞香属（*Daphne* Linn.）

形态学特征：为瑞香（*Daphne odora* Thunb.）的园艺变型。与瑞香的主要区别在于叶片边缘淡黄色，中部绿色。

生物学特性：花期3—5月，果期7—8月。

分布：多数校区有栽培。

景观应用：观赏花卉。常植于公园、庭院或绿地。

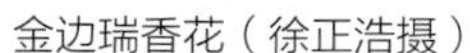

金边瑞香花（徐正浩摄）

金边瑞香植株（徐正浩摄）

36. 细叶萼距花 *Cuphea hyssopifolia* Kunth

中文异名：满天星、细叶雪茄花

英文名：false heather, Mexican heather

分类地位：千屈菜科（Lythraceae）萼距花属（*Cuphea* P. Browne）

形态学特征：直立小灌木。植株高30~60cm。茎具黏质柔毛或硬毛。叶对生，长卵形或椭圆形，叶细小，顶端渐尖，基部短尖，中脉在叶背凸起，有叶柄。花顶生或腋生，花梗长2~6mm。花萼长16~24mm，被黏质柔毛或粗毛，基部有距。花瓣6片，紫红色，背面2片较大，近圆形，其余4片较小，倒卵形或倒卵状圆形。雄蕊稍超出萼外。

生物学特性：花期长，外部环境适宜时，可周年开花。

分布：原产于美洲。多数校区有分布。

景观应用：景观植物。常植于绿地、庭院、花坛等。

细叶萼距花枝叶（徐正浩摄）

细叶萼距花叶背（徐正浩摄）

细叶萼距花的花（徐正浩摄）

细叶萼距花叶序（徐正浩摄）

细叶萼距花花期植株（徐正浩摄）

细叶萼距花景观植株（徐正浩摄）

37. 月见草 *Oenothera biennis* Linn.

中文异名：夜来香、山芝麻

英文名：common evening-primrose, evening star, sun drop, weedy evening primrose, German rampion, hog weed, King's cure-all, fever-plant

分类地位：柳叶菜科（Onagraceae）月见草属（*Oenothera* Linn.）

形态学特征：二年生粗壮草本。茎直立，高50~200cm，不分枝或分枝。基生叶莲座状，倒披针形，长10~25cm，宽2~4.5cm，先端锐尖，基部楔形，边缘疏生不整齐的浅钝齿，侧脉每侧12~15条，柄长1.5~3cm。茎生叶椭圆形至倒披针形，长7~20cm，宽1~5cm，先端锐尖至短渐尖，基部楔形，边缘具稀疏钝齿，侧脉每侧6~12条，柄长0~15mm。花序穗状。花管长2.5~3.5cm，径1~1.2mm。萼片绿色，有时带红色，长圆状披针形，长1.8~2.2cm，下部宽大处4~5mm，先端骤缩成尾状，长3~4mm。花瓣黄色，宽倒卵形，长2.5~3cm，宽2~2.8cm，先端微凹缺。花丝近等长，长10~18mm。花药长8~10mm。子房绿色，圆柱状，具4条棱，长1~1.2cm。花柱长3.5~5cm，伸出花管部分长0.7~1.5cm。蒴果锥状圆柱形，向上变狭，长2~3.5cm，径4~5mm，直立。种子暗褐色，长1~1.5mm，径0.5~1mm，具棱角。

生物学特性：常生于开旷荒坡路旁。

分布：原产于北美洲。紫金港校区有分布。

景观应用：观赏花卉。常植于绿地、河畔等。

月见草花（徐正浩摄）

月见草景观植株（徐正浩摄）

38. 仙客来　*Cyclamen persicum* Mill.

中文异名： 兔耳花、兔子花、一品冠

分类地位： 报春花科（Primulaceae）仙客来属（*Cyclamen* Linn.）

形态学特征： 多年生草本。块茎扁球形，径通常4~5cm，具木栓质的表皮，棕褐色，顶部稍扁平。叶和花葶同时自块茎顶部抽出。叶心状卵圆形，径3~14cm，先端稍锐尖，边缘有细圆齿，质地稍厚，叶面深绿色，常有浅色的斑纹，柄长5~18cm。花葶高15~20cm，果期不卷缩。花萼通常分裂达基部，裂片三角形或长圆状三角形，全缘。花冠白色或玫瑰红色，喉部深紫色，筒部近半球形，裂片长圆状披针形，稍锐尖，基部无耳，比筒部长3.5~5倍，剧烈反折。

生物学特性： 花期秋冬至春季。

分布： 原产于欧洲南部等。多数校区有分布。

景观应用： 盆栽花卉。

仙客来叶（徐正浩摄）

仙客来花（徐正浩摄）

仙客来花期植株（徐正浩摄）

仙客来植株（徐正浩摄）

39. 茉莉花 *Jasminum sambac* (Linn.) Ait.

中文异名：茉莉

英文名：Arabian jasmine, Tuscan jasmine, Sambac jasmine

分类地位：木犀科（Oleaceae）素馨属（*Jasminum* Linn.）

形态学特征：直立或攀缘灌木。小枝圆柱形或稍压扁状，有时中空，疏被柔毛。叶对生，单叶，纸质，圆形、椭圆形、卵状椭圆形或倒卵形，长4~12.5cm，宽2~7.5cm，两端圆或钝，基部有时微心形，侧脉4~6对，在叶面稍凹入，在叶背凸起，细脉在两面常明显，微凸起，除叶背脉腋间常具簇毛外，其余无毛，柄长2~6mm，被短柔毛，具关节。聚伞花序顶生，通常有花3朵，有时单花或多达5朵。花序梗长1~4.5cm，被短柔毛。苞片微小，锥形，长4~8mm。花梗长0.3~2cm。花萼无毛或疏被短柔毛，裂片线形，长5~7mm。花冠白色，花冠管长0.7~1.5cm，裂片长圆形至近圆形，宽5~9mm，先端圆或钝。果球形，径0.7~1cm，紫黑色。

茉莉花植株（徐正浩摄）

生物学特性：花极芳香。花期5—8月，果期7—9月。

分布：原产于印度。多数校区有分布。

景观应用：景观花卉。常用于盆栽。

40. 长春花 *Catharanthus roseus* (Linn.) G. Don

中文异名：时钟花、雁来红

英文名：Madagascar periwinkle, rosy periwinkle, teresita

分类地位：夹竹桃科（Apocynaceae）长春花属（*Catharanthus* G. Don）

形态学特征：半灌木。略有分枝，高达60cm，全株无毛或仅有微毛。茎近方形，有条纹，灰绿色，节间长1~3.5cm。叶膜质，倒卵状长圆形，长3~4cm，宽1.5~2.5cm，先端浑圆，有短尖头，基部广楔形至楔形，渐狭而成叶柄，叶脉在叶面扁平，在叶背略隆起，侧脉6~8对。聚伞花序腋生或顶生，有花2~3朵。花萼5深裂，内面无腺体或腺体不明显，萼片披针形或钻状渐尖，长2~3mm。花冠红色，高脚碟状，花冠筒圆筒状，长2~3cm，内面具疏柔毛，喉部紧缩，具刚毛。花冠裂片宽倒卵形，长和宽均为1~1.5cm。雄蕊着生于花冠筒的上半部，但花药隐藏于花

长春花的花（徐正浩摄）

长春花植株（徐正浩摄）

喉之内，与柱头离生。蓇葖果双生，直立，平行或略叉开，长2~2.5cm，径2~3mm。外果皮厚纸质，有条纹，被柔毛。种子黑色，长圆状圆筒形，两端截形，具有颗粒状小瘤。

生物学特性：花果期几乎全年。

分布：原产于非洲东部。世界热带和亚热带地区广泛栽培。各校区有分布。

景观应用：景观花卉。常植于绿地、花坛、庭院等。

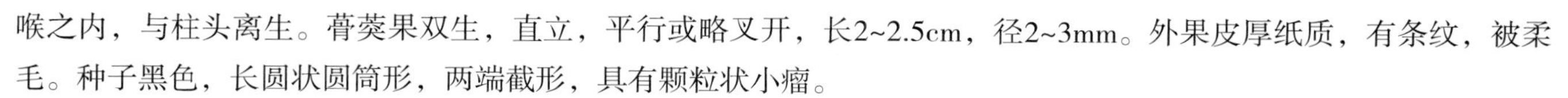

41. 细叶美女樱 *Verbena tenera* Spreng.

分类地位：马鞭草科（Verbenaceae）马鞭草属（*Verbena* Linn.）

形态学特征：多年生草本。株高20~30cm。茎直立、斜升或基部匍匐，四方形，基部稍木质化，匍匐着地茎节部生根。叶对生，3深裂，基部下延，每裂片再次羽状分裂，小裂片呈条状，先端尖，全缘。穗状花序顶生，长2~4cm。萼圆筒形，长1~1.5cm。花冠紫色、红色、蓝紫色等。花瓣5裂，裂片先端截平或稍凹陷。雄蕊内藏。

生物学特性：花期4—10月。

分布：原产于巴西、秘鲁热带等美洲热带地区。多数校区有栽培。

景观应用：景观花卉。常植于绿地、庭院、花坛等，有时也用于盆栽。

细叶美女樱叶（徐正浩摄）

细叶美女樱蓝紫色花（徐正浩摄）

细叶美女樱紫色花（徐正浩摄）

细叶美女樱花期植株（徐正浩摄）

细叶美女樱植株（徐正浩摄）

42. 羽裂美女樱 *Verbena bipinnatifida* Nutt.

分类地位：马鞭草科（Verbenaceae）马鞭草属（*Verbena* Linn.）

形态学特征：多年生草本。株高25~40cm。茎直立或基部匍匐生长，圆柱形或略具方形，基部稍木质化。叶对生，具翅状柄，长3~15mm，2~3回羽状分裂，末位裂片急尖或渐尖，具小尖头，叶脉在叶面下陷，侧脉3~6对。托叶叶形与叶片相似。花序顶生或腋生于上部叶腋，常呈伞房状，花密集。花径1~1.5cm。萼圆筒形，长1~1.5cm。花冠紫色、红色等。花瓣5裂，裂片先端凹陷。雄蕊内藏。

生物学特性：花期4—10 月。

分布：原产于巴西、秘鲁等美洲热带地区。多数校区有栽培。

景观应用：景观花卉。常植于绿地、庭院、花坛等，有时也用于盆栽。

羽裂美女樱叶（徐正浩摄）

羽裂美女樱花（徐正浩摄）

羽裂美女樱果实（徐正浩摄）

羽裂美女樱植株（徐正浩摄）

43. 藿香 *Agastache rugosa* (Fisch. et Mey.) O. Ktze.

中文异名：大薄荷、叶藿香、土藿香

英文名：Korean mint, blue licorice, purple giant hyssop, Indian mint, wrinkled giant hyssop

分类地位：唇形科（Lamiaceae）藿香属（*Agastache* Clayt. in Gronov.）

形态学特征：多年生草本。茎直立，高0.5~1.5m，四棱形，宽7~8mm。叶纸质，心状卵形至长圆状披针形，长4.5~11cm，宽3~6.5cm，向上渐小，先端尾状长渐尖，基部心形，边缘具粗齿，叶面橄榄绿色，叶背色略淡，柄长1.5~3.5cm。轮伞花序多朵花，在主茎或侧枝上组成顶生密集的圆筒形穗状花序，穗状花序长2.5~12cm，径1.8~2.5cm。轮伞花序具短梗，总梗长2~3mm。花萼管状倒圆锥形，长4~6mm，宽1~2mm，萼齿三角状披针形。花

冠淡紫蓝色，长6~8mm，冠檐二唇形，上唇直伸，先端微缺，下唇3裂，中裂片较宽大，侧裂片半圆形。雄蕊伸出花冠，花丝细，扁平，无毛。花柱与雄蕊近等长，丝状，先端2裂。花盘厚环状。子房裂片顶部具茸毛。成熟小坚果卵状长圆形，长1.5~1.8mm，宽1~1.2mm，腹面具棱，先端具短硬毛，褐色.

生物学特性：花期6—9月，果期9—11月。

分布：中国各地广泛分布。俄罗斯、朝鲜、日本及北美洲也有分布。多数校区有分布。

景观应用：景观花卉。常植于绿地、花坛、庭院等，也用于盆栽。

藿香花（徐正浩摄）

藿香植株（徐正浩摄）

藿香群体（徐正浩摄）

44. 一串红 *Salvia splendens* Sellow ex J. A. Schultes

中文异名：爆仗红、炮仔花、象牙红

英文名：scarlet sage, tropical sage, red sage

分类地位：唇形科（Lamiaceae）鼠尾草属（*Salvia* Linn.）

形态学特征：亚灌木状草本。高达90cm。茎钝四棱形，具浅槽，无毛。叶卵圆形或三角状卵圆形，长2.5~7cm，宽2~4.5cm，先端渐尖，基部截形或圆形，边缘具锯齿，叶面绿色，叶背较淡，两面无毛。茎生叶柄长3~4.5cm。轮伞花序具2~6朵花，组成顶生总状花序，花序长20cm或以上。花梗长4~7mm。花萼钟形，红色，二唇形，唇裂达花萼长1/3，上唇三角状卵圆形，长5~6mm，宽10mm，先端具小尖头，下唇比上唇略长，深2裂，裂片三角形，先端渐尖。花冠红色，长4~4.5cm，冠筒筒状，直伸，在喉部略增大，冠檐二唇形，上唇直伸，略内弯，长圆形，长

一串红花序（徐正浩摄）

8~9mm，宽3~4mm，先端微缺，下唇比上唇短，3裂，中裂片半圆形，侧裂片长卵圆形，比中裂片长。能育雄蕊2枚，近外伸，花丝长3~5mm，药隔长1~1.5cm，近伸直，上下臂近等长，上臂药室发育，下臂药室不育，下臂粗大，不联合。退化雄蕊短小。花柱与花冠近相等，先端不相等2裂，前裂片较长。小坚果椭圆形，长3~3.5mm，暗褐色，顶端具不规则极少数的皱褶突起，边缘或棱具狭翅，光滑。

生物学特性：花期3—10月。

分布：原产于巴西。多数校区有分布。

景观应用：景观花卉。常植于绿地、花坛等，也用于盆栽。

一串红植株（徐正浩摄）

一串红群体（徐正浩摄）

45. 五彩苏 *Plectranthus scutellarioides* (Linn.) R. Br.

中文异名：洋紫苏、锦紫苏

英文名：coleus

分类地位：唇形科（Lamiaceae）马刺花属（*Plectranthus* L' Hér.）

形态学特征：直立或上升草本。茎通常紫色，四棱形，被微柔毛，具分枝。叶膜质，其大小、形状及色泽变异很

五彩苏叶（徐正浩摄）

五彩苏花（徐正浩摄）

五彩苏花序（徐正浩摄）

五彩苏花期植株（徐正浩摄）

五彩苏植株（徐正浩摄）

五彩苏居群（徐正浩摄）

大，通常卵圆形，长4~12cm，宽2.5~9cm，先端钝至短渐尖，基部宽楔形至圆形，边缘具圆齿状锯齿或圆齿，具黄、暗红、紫色及绿色等色泽，两面被微柔毛，叶背常散布红褐色腺点，侧脉4~5对，斜上升，与中脉两面微凸出，柄伸长，长1~5cm，扁平，被微柔毛。轮伞花序多花，花期径1~1.5cm，多数密集排列成长5~20cm、宽3~8cm的简单或分枝的圆锥花序。花梗长1~2mm。花萼钟形，具10条脉，花期长2~3mm，果期长达7mm，萼檐二唇形。花冠浅紫至紫或蓝色，长8~13mm，外被微柔毛，冠筒骤然下弯，至喉部增大至2.5mm，冠檐二唇形，上唇短，直立，4裂，下唇延长，内凹，舟形。雄蕊4枚，内藏，花丝在中部以下合生成鞘状。花柱超出雄蕊，伸出，先端相等2浅裂。小坚果宽卵圆形或圆形，扁压，褐色，具光泽，长1~1.2mm。

生物学特性：花期7月。

分布：原产于印度。多数校区有分布。

景观应用：景观花卉。常植于绿地、花坛等，也用于盆栽。

46. 碧冬茄　*Petunia* × *atkinsiana* D. Don ex W. H. Baxter

中文异名：矮牵牛

分类地位：茄科（Solanaceae）碧冬茄属（*Petunia* Juss.）

形态学特征：园艺杂交种。一年生草本。高30~60cm，全体生腺毛。叶有短柄或近无柄，卵形，顶端急尖，基部阔楔形或楔形，全缘，长3~8cm，宽1.5~4.5cm，侧脉不显著，每边5~7条。花单生于叶腋，花梗长3~5cm。花萼5深裂，裂片条形，长1~1.5cm，宽3~3.5mm，顶端钝，果期宿存。花冠白色或紫堇色，有各式条纹，漏斗状，长5~7cm，筒部向上渐扩大，檐部开展，有折襞，5浅裂。雄蕊5枚，4长1短。花柱稍超过雄蕊。蒴果圆锥状，长

0.6~1cm，2瓣裂，各裂瓣顶端又2浅裂。种子极小，近球形，径0.2~0.5mm，褐色。

生物学特性：花期4—10月。

分布：原产于南美洲。各校区有分布。

景观应用：景观花卉。常植于绿地、花坛、庭院等，也用于盆栽。

碧冬茄叶（徐正浩摄）

碧冬茄白花（徐正浩摄）

碧冬茄红花（徐正浩摄）

碧冬茄紫堇色花（徐正浩摄）

碧冬茄白花植株（徐正浩摄）

碧冬茄红花植株（徐正浩摄）

碧冬茄紫堇色花植株（徐正浩摄）

碧冬茄景观植株（徐正浩摄）

47. 玄参　*Scrophularia ningpoensis* Hemsl.

中文异名：黑参、八秽麻、水萝卜、浙玄参、元参

英文名：figwort, radix scrophulariae

分类地位：玄参科（Scrophulariaceae）玄参属（*Scrophularia* Linn.）

形态学特征：高大草本。高可达1.5m。支根数条，纺锤形或胡萝卜状膨大，粗可达3cm。茎四棱形，有浅槽，无翅或有极狭的翅，无毛或多少有白色卷毛，常分枝。叶在茎下部多对生而具柄，上部的有时互生而柄极短，柄长者达4.5cm，叶片多变化，多为卵形，有时上部的为卵状披针形至披针形，基部楔形、圆形或近心形，边缘具细锯齿，大者长达30cm，宽达19cm。花序为疏散的大圆锥花序，由顶生和腋生的聚伞圆锥花序合成，长可达50cm。较小植株中，仅有顶生聚伞圆锥花序，长不及10cm。聚伞花序常2~4回复出。花梗长3~30mm，有腺毛。花褐紫色，花萼长2~3mm，裂片圆形。花冠长8~9mm，花冠筒多少球形，上唇长于下唇。雄蕊稍短于下唇，花丝肥厚，退化雄蕊大而近于圆形。花柱长2~3mm，稍长于子房。蒴果卵圆形，连同短喙长8~9mm。

生物学特性：花期6—10月，果期9—11月。

分布：中国特产，华东、华中、华南、西南、华北及陕西等地有分布。华家池校区有分布。

景观应用：观赏植物。

玄参果实（徐正浩摄）

玄参果期植株（徐正浩摄）

48. 金鱼草 *Antirrhinum majus* Linn.

中文异名：龙头花、狮子花、龙口花、洋彩雀

英文名：snapdragon

分类地位：玄参科（Scrophulariaceae）金鱼草属（*Antirrhinum* Linn.）

形态学特征：多年生草本植物。株高20~70cm。茎基部有时木质化，高可达80cm。茎基部无毛，中上部被腺毛，基部有时分枝。叶下部的对生，上部的常互生，具短柄，无毛，披针形至矩圆状披针形，长2~6cm，全缘。总状花序顶生，密被腺毛。花梗长5~7mm。花萼与花梗近等长，5深裂，裂片卵形，钝或急尖。花冠颜色多种，从红色、紫色至白色，长3~5cm，基部在前面下延成兜状，上唇直立，宽大，2半裂，下唇3浅裂，在中部向上唇隆起，封闭喉部，使花冠呈假面状。雄蕊4枚，二强。蒴果卵形，长10~15mm，基部强烈向前延伸，被腺毛，顶端孔裂。

生物学特性：花期5—10月。

分布：原产于地中海沿岸地区，南至摩洛哥和葡萄牙，北至法国，东至土耳其和叙利亚。多数校区有分布。

景观应用：景观花卉。常植于绿地、花坛等，也用于盆栽。

金鱼草白花（徐正浩摄）

金鱼草粉红花（徐正浩摄）

金鱼草红花（徐正浩摄）

金鱼草黄花（徐正浩摄）

金鱼草黄花植株（徐正浩摄）

金鱼草花期植株（徐正浩摄）

49. 蓝猪耳 *Torenia fournieri* Linden ex Fourn.

中文异名：夏堇、兰猪耳

英文名：bluewings , wishbone flower

分类地位：母草科（Linderniaceae）蝴蝶草属（*Torenia* Linn.）

形态学特征：直立草本。高15~50cm。茎几无毛，具4条窄棱，节间通常长6~9cm，简单或自中、上部分枝。叶长卵形或卵形，长3~5cm，宽1.5~2.5cm，几无毛，先端略尖或短渐尖，基部楔形，边缘具带短尖的粗锯齿，柄长1~2cm。花梗长1~2cm。苞片条形，长2~5mm。萼椭圆形，绿色或顶部与边缘略带紫红色，长1.3~1.9cm，宽0.6~0.8cm，果实成熟时，翅宽可达3mm，萼齿2个。花冠长2.5~4cm，花冠筒淡青紫色，背黄色，上唇直立，浅蓝色，宽倒卵形，长1~1.2cm，宽1.2~1.5cm，顶端微凹，下唇裂片矩圆形或近圆形，长0.7~1cm，宽0.6~0.8cm，蓝紫色，中裂片的中下部有一黄色斑块。花丝不具附属物。蒴果长椭圆形，长1~1.2cm，宽0.3~0.5cm。种子小，黄色，圆球形或扁圆球形，表面有细小的凹窝。

生物学特性：花果期6—12月。

分布：原产于亚洲热带地区、非洲。各校区有分布。

景观应用：景观花卉。常植于绿地、庭院、花坛等，也用于盆栽。

蓝猪耳粉红花植株（徐正浩摄）

蓝猪耳蓝紫花（徐正浩摄）

蓝猪耳粉红花（徐正浩摄）

蓝猪耳蓝紫花居群（徐正浩摄）

蓝猪耳粉红花居群（徐正浩摄）

50. 香彩雀 *Angelonia angustifolia* Benth.

中文异名：夏季金鱼草

英文名：angelonia

分类地位：车前科（Plantaginaceae）香彩雀属（*Angelonia* Humb. et Bonpl.）

形态学特征：多年生直立草本。株高30~60cm，全体被腺毛。茎基部有时木质化，单生或具分枝。叶下部对生，上部常互生，披针形至长圆状披针形，长2~6cm，宽2~8mm，先端急尖，基部楔形，全缘，具短柄。总状花序顶生，长达20cm，密被腺毛。花梗长5~7mm。苞片长卵形。花萼与花梗近等长，5深裂，裂片卵形，钝或急尖。花冠颜色多种，具粉红、紫、白等颜色，长3~5cm，基部在前面下延成兜状，上唇直立，宽大，2半裂，下唇3浅裂，中部向上唇隆起。雄蕊4枚，二强。子房上位。蒴果卵形，长10~15mm，基部强烈向前延伸，被腺毛，先端孔裂。

生物学特性：花期5—10月，果期7—10月。

分布：原产于墨西哥和西印度群岛。多数校区有分布。

景观应用：景观花卉。常植于绿地、花坛等，也用于盆栽。

香彩雀紫花（徐正浩摄）

香彩雀粉红花（徐正浩摄）

香彩雀花序（徐正浩摄）

香彩雀花期植株（徐正浩摄）

51. 五星花 *Pentas lanceolata* (Forsk.) K. Schum

英文名：Egyptian starcluster

分类地位：茜草科（Rubiaceae）五星花属（*Pentas* Benth.）

形态学特征：直立或外倾的亚灌木。高30~70cm，被毛。叶卵形、椭圆形或披针状长圆形，长可达15cm，有时仅3cm，宽达5cm，有时不及1cm，顶端短尖，基部渐狭成短柄。聚伞花序密集，顶生。花无梗，2型，花柱异长，长2~2.5cm。花冠淡紫色，喉部被密毛，冠檐开展，径1~1.2cm。

五星花叶（徐正浩摄）

五星花的花（徐正浩摄）

生物学特性：花期夏秋季。
分布：原产于非洲等。多数校区有分布。
景观应用：景观花卉。

52. 雏菊 *Bellis perennis* Linn.

中文异名：马兰头花、延命菊、英国雏菊
英文名：daisy
分类地位：菊科（Asteraceae）雏菊属（*Bellis* Linn.）
形态学特征：多年生或一年生葶状草本。高10~15cm。叶基生，匙形，顶端圆钝，基部渐狭成柄，上半部边缘有疏钝齿或波状齿。头状花序单生，径2.5~3.5cm，花葶被毛。总苞半球形或宽钟形。总苞片近2层，稍不等长，长椭圆形，顶端钝，外面被柔毛。舌状花1层，雌性，舌片白色带粉红色，开展，全缘或有2~3个齿。管状花多数，两性，均能结实。瘦果倒卵形，扁平，有边脉，被细毛，无冠毛。
生物学特性：花期春季。

雏菊粉红花（徐正浩摄）

雏菊粉红花植株（徐正浩摄）

雏菊白花植株（徐正浩摄）

雏菊红花植株（徐正浩摄）

雏菊花期植株（徐正浩摄）

分布：原产于欧洲。各校区有分布。

景观应用：庭院、花坛、绿地观赏花卉。

53. 百日菊 *Zinnia elegans* Jacq.

英文名：youth-and-age, common zinnia, elegant zinnia

分类地位：菊科（Asteraceae）百日菊属（*Zinnia* Linn.）

形态学特征：一年生草本。茎直立，高30~100cm，被糙毛或长硬毛。叶宽卵圆形或长圆状椭圆形，长5~10cm，宽2.5~5cm，基部稍心形抱茎，两面粗糙，叶背被密的短糙毛，基出3脉。头状花序径5~6.5cm，单生于枝端，无中空肥厚的花序梗。总苞宽钟状，总苞片多层，宽卵形或卵状椭圆形，外层长3~5mm，内层长7~10mm，边缘黑色。舌

百日菊红花（徐正浩摄）

百日菊橘黄花（徐正浩摄）

百日菊单瓣红花（徐正浩摄）

百日菊狭瓣橘黄花（徐正浩摄）

状花深红色、玫瑰色、紫堇色或白色，舌片倒卵圆形，先端2~3齿裂或全缘，上面被短毛，下面被长柔毛。管状花黄色或橙色，长7~8mm，先端裂片卵状披针形，上面被黄褐色密茸毛。雌花瘦果倒卵圆形，长6~7mm，宽4~5mm，扁平，腹面正中和两侧边缘各有1条棱，顶端截形，基部狭窄，被密毛。管状花瘦果倒卵状楔形，长7~8mm，宽3.5~4mm，极扁，被疏毛，顶端有短齿。

生物学特性：花期6—9月，果期7—10月。

分布：原产于墨西哥。各校区有分布。

景观应用：绿地、花坛、庭院等景观花卉。

百日菊橘黄管状花（徐正浩摄）

百日菊花序（徐正浩摄）

百日菊白花植株（徐正浩摄）

百日菊居群（徐正浩摄）

54. 秋英　*Cosmos bipinnata* Cav.

中文异名：波斯菊、大波斯菊

英文名：cosmos, garden cosmos

分类地位：菊科（Asteraceae）秋英属（*Cosmos* Cav.）

形态学特征：一年生或多年生草本。高1~2m。根纺锤状，多须根，或近茎基部有不定根。茎无毛或稍被柔毛。叶2次羽状深裂，裂片线形或丝状线形。头状花序单生，径3~6cm。花序梗长6~18cm。总苞片外层披针形或线状披针形，近革质，淡绿色，具深紫色条纹，上端长狭尖，与内层等长，长10~15mm，内层椭圆状卵形，膜质。托片平展，上端呈丝状，与瘦果近等长。舌状花紫红色、粉红色或白色。舌片椭圆状倒卵形，长2~3cm，宽1.2~1.8cm，有3~5个钝齿。管状花黄色，长6~8mm，管部短，上部圆柱形，有披针状裂片。花柱具短突尖的附器。瘦果黑紫色，长8~12mm，无毛，上端具长喙，有2~3个尖刺。

生物学特性：花期6—8月，果期9—10月。

秋英白花(徐正浩摄)

秋英粉红花(徐正浩摄)

秋英紫红花(徐正浩摄)

秋英白带粉红花(徐正浩摄)

秋英景观植株(徐正浩摄)

分布：原产于墨西哥。多数校区有分布。

景观应用：景观花卉。

55. 黄秋英 *Cosmos sulphureus* Cav.

中文异名：硫华菊、黄波斯菊、黄芙蓉、硫磺菊

英文名：sulfur cosmos, yellow cosmos

分类地位：菊科（Asteraceae）秋英属（*Cosmos* Cav.）

形态学特征：一年生草本。株高1~2m。茎直立，多分枝，被柔毛。叶薄纸质，2~3回羽状深裂，裂片披针形至椭圆形，先端急尖，叶面深绿色，叶背淡绿色，两面无毛，中脉和侧脉均两面凸起，柄长1.5~9cm。头状花序单生于叶腋或顶生，径2.5~4.5cm，具长梗。缘花舌状，橘黄色或金黄色，2层，顶端2~4浅裂。盘花管状，黄色，顶端5浅齿，裂片内面密被毛，两性，结实。瘦果纺锤形，被短粗毛，具4条纵沟，顶端具长喙。

黄秋英茎生叶（徐正浩摄）

黄秋英橘黄花（徐正浩摄）

黄秋英橘红花（徐正浩摄）

黄秋英花蕾期植株（徐正浩摄）

黄秋英花期植株（徐正浩摄）

黄秋英景观植株（徐正浩摄）

生物学特性： 花果期7—10月。

分布： 原产于南美洲。华家池校区、紫金港校区有分布。

景观应用： 景观花卉。

56. 万寿菊　*Tagetes erecta* Linn.

中文异名： 臭芙蓉

英文名： marigold, Mexican marigold, Aztec marigold, African marigold

分类地位： 菊科（Asteraceae）万寿菊属（*Tagetes* Linn.）

形态学特征： 一年生草本。高50~150cm。茎直立，粗壮，具纵细条棱，分枝向上平展。叶羽状分裂，长5~10cm，宽4~8cm，裂片长椭圆形或披针形，边缘具锐锯齿，上部叶裂片的齿端有长细芒，沿叶缘有少数腺体。头状花序单生，径5~8cm，花序梗顶端棍棒状膨大。总苞长1.8~2cm，宽1~1.5cm，杯状，顶端具齿尖。舌状花黄色或暗橙色，长2.5~3cm，舌片倒卵形，长1~1.5cm，宽1~1.2cm，基部收缩成长爪，顶端微弯缺。管状花花冠黄色，长7~9mm，顶端5齿裂。瘦果线形，基部缩小，黑色或褐色，长8~11mm，被短微毛。冠毛有1~2个长芒和2~3片短而钝的鳞片。

生物学特性： 花期7—9月。

分布： 原产于墨西哥。各校区有分布。

景观应用： 景观花卉。

万寿菊花（徐正浩摄）

万寿菊花期植株（徐正浩摄）

万寿菊植株（徐正浩摄）

万寿菊居群（徐正浩摄）

57. 孔雀菊 *Tagetes patula* Linn.

中文异名：法国万寿菊、红黄草

英文名：French marigold

分类地位：菊科（Asteraceae）万寿菊属（*Tagetes* Linn.）

形态学特征：一年生草本。高30~100cm。茎直立，通常近基部分枝，分枝斜开展。叶羽状分裂，长2~9cm，宽1.5~3cm，裂片线状披针形，边缘有锯齿，齿端常有长细芒，齿的基部通常有1个腺体。头状花序单生，径3.5~4cm，花序梗长5~6.5cm，顶端稍增粗。总苞长1.5cm，宽0.7cm，长椭圆形，上端具锐齿，有腺点。舌状花金

孔雀菊花（徐正浩摄）

孔雀菊花期植株（徐正浩摄）

孔雀菊植株（徐正浩摄）

孔雀菊景观植株（徐正浩摄）

黄色或橙色，带有红色斑。舌片近圆形，长8~10mm，宽6~7mm，顶端微凹。管状花花冠黄色，长10~14mm，与冠毛等长，5齿裂。瘦果线形，基部缩小，长8~12mm，黑色，被短柔毛，冠毛鳞片状，其中1~2片长芒状，2~3片短而钝。

生物学特性：花期7—9月。

分布：原产于墨西哥。各校区有分布。

景观应用：景观花卉。

58. 宿根天人菊　*Gaillardia aristata* Pursh.

中文异名：车轮菊（江苏）

英文名：common gaillardia

分类地位：菊科（Asteraceae）天人菊属（*Gaillardia* Foug.）

形态学特征：多年生草本。高60~100cm。全株被粗节毛。茎不分枝或稍有分枝。基生叶和下部茎叶长椭圆形或匙形，长3~6cm，宽1~2cm，全缘或羽状缺裂，两面被尖状柔毛，具长柄。中部茎叶披针形、长椭圆形或匙形，长4~8cm，基部无柄或心形抱茎。头状花序径5~7cm。总苞片披针形，长0.7~1cm，外面有腺点及密柔毛。舌状花黄色。管状花外面有腺点，裂片长三角形，顶端芒状渐尖，被节毛。瘦果长1~2mm，被毛。冠毛长1~2mm。

生物学特性：花果期7—8月。

分布：原产于北美洲西部。紫金港校区有分布。

景观应用：景观花卉。

宿根天人菊茎叶（徐正浩摄）

宿根天人菊花（徐正浩摄）

宿根天人菊舌状花和管状花（徐正浩摄）

宿根天人菊景观植株（徐正浩摄）

59. 菊花 *Chrysanthemum morifolium* Ramat.

中文异名：秋菊

英文名：Florist's daisy, Hardy garden mum

分类地位：菊科（Asteraceae）茼蒿属（*Chrysanthemum* Linn.）

形态学特征：多年生草本。高0.25~1m，有地下长或短匍匐茎。茎枝被稀疏的毛，上部及花序枝上的毛稍多或较多。基生叶和下部叶花期脱落。中部茎叶卵形、长卵形或椭圆状卵形，羽状半裂、浅裂或分裂不明显而边缘有浅锯齿。叶柄基部无耳或有分裂的叶耳。两面同色或几同色，淡绿色。头状花序径1.5~20cm，多数在茎枝顶端排成疏松的伞房圆锥花序或少数在茎顶排成伞房花序。总苞片5层，外层卵形或卵状三角形，中层卵形，内层长椭圆形，长8~12mm。全部苞片边缘白色或褐色宽膜质，顶端钝或圆。舌状花黄色，顶端全缘或2~3个齿。瘦果长1.5~1.8mm。

菊花茎叶（徐正浩摄）

生物学特性：花期6—11月。

分布：原产于中国。各校区有分布。

景观应用：景观花卉和盆栽观赏。

菊花的花（徐正浩摄）

菊花花期植株（徐正浩摄）

60. 黄菊花　*Chrysanthemum morifolium*‘King's Pleasure’

英文名： irregular incurve

分类地位： 菊科（Asteraceae）茼蒿属（*Chrysanthemum* Linn.）

形态学特征： 菊花的园艺栽培种。花黄色，径2.5~6cm，舌状花长。

生物学特性： 花期6—11月。

分布： 多数校区有分布。

景观应用： 景观花卉和盆栽观赏。

黄菊花植株（徐正浩摄）

61. 瓜叶菊　*Pericallis hybrida* B. Nord.

中文异名： 富贵菊、黄瓜花

英文名： florists cineraria

分类地位： 菊科（Asteraceae）瓜叶菊属（*Pericallis* D. Don）

形态学特征： 多年生草本或半灌木。被灰白色长柔毛。茎直立，高30~70cm。叶互生或基生，肾形或宽心形，上部叶三角状心形，长10~15cm，宽10~20cm，先端急尖或渐尖，基部心形，边缘具钝或锐锯齿，柄长2~8cm。上部叶较小，近无柄。头状花序多数，径3~5cm，在枝端排列成疏伞房状或宽伞房状。花序梗长3~6cm。总苞钟状，

瓜叶菊枝叶（徐正浩摄）

瓜叶菊红花（徐正浩摄）

瓜叶菊花期植株（徐正浩摄）

瓜叶菊紫花植株（徐正浩摄）

长5~10mm，宽7~15mm。总苞片1层，披针形，几等长，顶端钝或尖，边缘膜质。花序托平，无苞片，具异形小花。小花径3.5~6cm，紫红色、淡蓝色、粉红色或近白色。边缘小花舌状，开展，舌片长椭圆形，长1.5~2.5cm，宽3~7mm，顶端具3个小齿，雌性，能育，稀无舌状花。中央的小花管状，长3~5mm，两性，能育或不育。花药基部截形或耳状短箭形。花柱分枝伸长，顶端截形。瘦果长圆形，长1~1.5mm，具棱，背面扁压。舌状花瘦果卵形，通常具翅。管状花瘦果与舌状花瘦果同形或长圆形，具5条棱，冠毛1~2层，有时脱落。冠毛白色，长3~4mm。

生物学特性： 花期3—7月。

分布： 原产于大西洋加那利群岛。多数校区有栽培。

景观应用： 景观花卉。常植于绿地、花坛、庭院等，也用于盆栽。

62. 大吴风草 *Farfugium japonicum* (Linn.) Kitam.

英文名： leopard plant, green leopard plant

分类地位： 菊科（Asteraceae）大吴风草属（*Farfugium* Lindl.）

形态学特征： 多年生葶状草本。根茎粗壮，径达1.2cm。花葶高达70cm，幼时被密的淡黄色柔毛，后多少脱毛，基部径5~6mm，被极密的柔毛。基生叶莲座状，有长柄，柄长15~25cm，基部扩大，呈短鞘，抱茎，叶肾形，长9~13cm，宽11~22cm，先端圆形，全缘或有小齿至掌状浅裂，基部弯缺宽，长为叶片的1/3，叶质厚，近革质，两面幼时被灰色柔毛，后脱毛，叶面绿色，叶背淡绿色。茎生叶1~3片，苞叶状，长圆形或线状披针形，长1~2cm。头状花序辐射状，2~7个，排列成伞房状花序。花序梗长2~13cm，被毛。总苞钟形或宽陀螺形，长12~15mm，口部宽达15mm，总苞片12~14片，2层，长圆形，先端渐尖，背部被毛，内层边缘褐色宽膜质。舌状花8~12朵，黄色，舌片长圆形或匙状长圆形，长15~22mm，宽3~4mm，先端圆形或急尖，管部长6~9mm。管状花多数，长10~12mm，管部长4~6mm，花药基部有尾，冠毛白色，与花冠等长。瘦果圆柱形，长达7mm，有纵肋，被成行的短毛。

生物学特性： 花期7—10月。

分布： 中国湖北、湖南、广西、广东、福建、台湾等地有分布。日本、朝鲜也有分布。多数校区有栽培。

景观应用： 景观花卉。常植于绿地、花坛、庭院等，也用于盆栽。

大吴风草叶（徐正浩摄）

大吴风草花（徐正浩摄）

大吴风草花序（徐正浩摄）

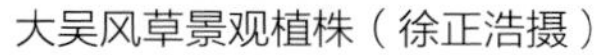
大吴风草景观植株（徐正浩摄）

大吴风草居群（徐正浩摄）

63. 白术　*Atractylodes macrocephala* Koidz.

白术景观植株（徐正浩摄）

分类地位：菊科（Asteraceae）苍术属（*Atractylodes* DC.）

形态学特征：多年生草本。高20~60cm，根状茎结节状。茎直立，通常自中下部长分枝，全部光滑无毛。中部茎叶3~5羽状全裂，极少间杂不裂而为长椭圆形的叶，柄长3~6cm。侧裂片1~2对，倒披针形、椭圆形或长椭圆形，长4.5~7cm，宽1.5~2cm。顶裂片比侧裂片大，倒长卵形、长椭圆形或椭圆形。自中部茎叶向上向下，叶渐小。叶质地薄，纸质，两面绿色，无毛，边缘或裂片边缘有长或短针刺状缘毛或细刺齿。头状花序单生于茎枝顶端，具6~10个头状花序，形成不明显的花序式排列。苞叶绿色，长3~4cm，针刺状羽状全裂。总苞大，宽钟状，径3~4cm。总苞片9~10层，覆瓦状排列。全部苞片顶端钝，边缘有白色蛛丝毛。小花长1.5~1.7cm，紫红色，冠檐5深裂。瘦果倒圆锥状，长7.5mm，被顺向的稠密白色的长直毛。冠毛刚毛羽毛状，污白色，长1~1.5cm，基部结合成环状。

生物学特性：花果期8—10月。

分布：中国江苏、安徽、江西、福建、湖北、湖南、四川等地有分布。紫金港校区、华家池校区有分布。

景观应用：盆栽观赏植物。

白术花（徐正浩摄）

64. 金盏花　*Calendula officinalis* Linn.

中文异名：金盏菊、盏盏菊

英文名：pot marigold, ruddles, common marigold, garden marigold, English marigold, Scottish marigold

分类地位：菊科（Asteraceae）金盏花属（*Calendula* Linn.）

形态学特征：一年生草本。高20~75cm。通常自茎基部分枝，绿色或多少被腺状柔毛。基生叶长圆状倒卵形或匙

金盏花黄花（徐正浩摄）

形，长15~20cm，全缘或具疏细齿，具柄。茎生叶长圆状披针形或长圆状倒卵形，无柄，长5~15cm，宽1~3cm，顶端钝，稀急尖，边缘波状具不明显的细齿，基部多少抱茎。头状花序单生于茎枝端，径4~5cm。总苞片1~2层，披针形或长圆状披针形，外层稍长于内层，顶端渐尖。花黄或橙黄色，长于总苞的2倍。舌片宽达5mm。管状花檐部具三角状披针形裂片。瘦果全部弯曲，淡黄色或淡褐色，外层的瘦果大半内弯，外面常具小针刺，顶端具喙，两侧具翅脊部有规则的横折皱。

生物学特性： 花期4—9月，果期6—10月。

分布： 原产于欧洲西部、北非和西亚。多数校区有分布。

景观应用： 景观花卉。

金盏花橙黄花（徐正浩摄）

金盏花花期植株（徐正浩摄）

金盏花景观植株（徐正浩摄）

金盏花居群（徐正浩摄）

65. 黄金菊 *Euryops pectinatus* (Linn.) Cass.

分类地位： 菊科（Asteraceae）梳黄菊属（*Euryops*（Cass.） Cass.）

形态学特征： 常绿灌木。高达1m。花黄色，径4~5cm。

生物学特性： 花果期6—9月。

分布： 原产于南非。多数校区有分布。

景观应用： 景观花卉。

黄金菊叶（徐正浩摄）

黄金菊花（徐正浩摄）

黄金菊花期植株（徐正浩摄）

黄金菊盆栽植株（徐正浩摄）

66. 亚菊 *Ajania pallasiana* (Fisch. ex Bess.) Poljak.

分类地位：菊科（Asteraceae）亚菊属（*Ajania* Poljak.）

亚菊植株（徐正浩摄）

形态学特征：多年生草本。高30~60cm。茎直立，单生或少数茎成簇生，通常不分枝，被贴伏的短柔毛，但上部、花序枝及花梗上的毛较多。中部茎叶卵形，长椭圆形或菱形，长2~4cm，宽1~2.5cm，2回掌状或不规则2回掌式羽状3~5裂。1回全裂，2回为深裂。末回裂片披针形。茎上部叶常羽状分裂或3裂。基生叶和下部茎叶花期枯萎脱落。全部叶有柄，柄长0.5~1cm，两面异色，叶面绿色，无毛或有极稀疏的短柔毛，叶背白色或灰白色，被密厚的顺向贴伏的短柔毛。头状花序多数或少数在茎顶或分枝顶端排成疏松或紧密的复伞房花序。总苞宽钟状，径6~7mm。总苞片4层，外层长椭圆形，长2.5~3mm，中内层长卵形，长3~4mm。全部苞片有光泽，淡麦秆黄色，边缘无色透明宽膜质，而外层苞片顶端有半透明蜡质扩大的圆形附属物。边缘雌花3朵，花冠与两性花花冠同形，管状，长3~3.5mm，顶端5齿裂。雌花与两性花花冠全部黄色，外面有腺点。瘦果长1.5~1.8mm。

生物学特性：花果期8—9月。

分布：中国黑龙江东南部等地有分布。俄罗斯及朝鲜也有分布。玉泉校区、华家池校区有分布。

景观应用：景观花卉。

67. 两色金鸡菊 *Coreopsis tinctoria* Nutt.

中文异名： 蛇目菊

英文名： Plains coreopsis, garden tickseed, golden tickseed, calliopsis

分类地位： 菊科（Asteraceae）金鸡菊属（*Coreopsis* Linn.）

形态学特征： 一年生草本。无毛，高30~100cm。茎直立，上部有分枝。叶对生，下部叶及中部叶有长柄，2次羽状全裂，裂片线形或线状披针形，全缘。上部叶无柄或下延成翅状柄，线形。头状花序多数，有细长花序梗，径2~4cm，排列成伞房或疏圆锥花序状。总苞半球形，总苞片外层较短，长2~3mm，内层卵状长圆形，长5~6mm，顶端尖。舌状花黄色，舌片倒卵形，长8~15mm，管状花红褐色，狭钟形。瘦果长圆形或纺锤形，长2.5~3mm，两面光滑或有瘤状突起，顶端有2个细芒。

生物学特性： 花期5—9月，果期8—10月。

分布： 原产于北美洲。紫金港校区、华家池校区有分布。

景观应用： 景观花卉。

两色金鸡菊花（徐正浩摄）

两色金鸡菊植株（徐正浩摄）

68. 皇帝菊 *Melampodium divaricatum* (Rich. ex Rich.) DC.

皇帝菊花（徐正浩摄）

中文异名： 美兰菊

分类地位： 菊科（Asteraceae）美兰菊属（*Melampodium* Linn.）

形态学特征： 一年生或二年生草本。株高30~50cm。茎多分枝。叶对生，长卵形或椭圆状披针形，先端渐尖，边缘具稀疏锯齿。头状花序顶生。花径2~2.5cm，舌状花金黄色，管状花黄褐色。

生物学特性： 花期4—10月。

分布： 原产于中美洲。紫金港校区有分布。

景观应用： 景观花卉。

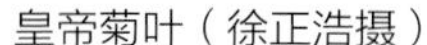
皇帝菊叶（徐正浩摄）

皇帝菊植株（徐正浩摄）

69. 非洲菊 *Gerbera jamesonii* Bolus

中文异名：扶郎花、灯盏花、秋英、波斯花、千日菊、太阳花、猩猩菊、日头花

英文名：Barberton daisy, Transvaal daisy, Barbertonse madeliefie

分类地位：菊科（Asteraceae）大丁草属（*Gerbera* Cass.）

形态学特征：多年生草本。叶基生，莲座状，长椭圆形至长圆形，长10~14cm，宽5~6cm，顶端短尖或略钝，基部渐狭，边缘不规则羽状浅裂或深裂，叶面无毛，叶背被短柔毛，老时脱毛，中脉两面均凸起，侧脉5~7对，柄长7~15cm，具粗纵棱，多少被毛。花葶单生，稀为数个丛生，长25~60cm。头状花序单生于花葶顶部。总苞钟形，径可达2cm。总苞片2层，外层线形或钻形，顶端尖，长8~10mm，宽1~1.5mm，背面被柔毛，内层长圆状披针形，顶端尾尖，长10~14mm，宽1~2mm，边缘干膜质，背脊上被疏柔毛。花托扁平，裸露，蜂窝状，径6~8mm。舌状花淡红色至紫红色，或白色及黄色，舌片长圆形，长2.5~3.5cm，宽2~4mm，顶端具3个齿，内2裂丝状，卷曲，长4~5mm。花冠管短，长为舌片的1/8，退化雄蕊丝状，长3~4mm，伸出于花冠管之外。内层雌花比两性花纤细，管状二唇形，长6~7mm。中央两性花多数，管状二唇形，长8~9mm，外唇大，具3个齿，内唇2深裂，裂片通常宽，卷曲。瘦果圆柱形，长4~5mm，密被白色短柔毛。冠毛略粗糙，鲜时污白色，干时带浅褐色，长6~7mm，基部联合。

生物学特性：花期11月至翌年4月。

分布：原产于非洲。中国各地庭院常见栽培，多为盆栽。紫金港校区有分布。

景观应用：景观花卉。常植于花坛、庭院等。

非洲菊红花（徐正浩摄）

非洲菊黄花（徐正浩摄）

非洲菊景观植株（徐正浩摄）

70. 滨菊 *Leucanthemum vulgare* Lam.

英文名：ox-eye daisy, oxeye daisy

分类地位：菊科（Asteraceae）滨菊属（*Leucanthemum* Mill.）

形态学特征：多年生草本。高15~80cm。茎直立，通常不分枝，被茸毛或卷毛至无毛。中下部茎叶长椭圆形或线状长椭圆形，向基部收窄，耳状或近耳状扩大半抱茎，中部以下或近基部有时羽状浅裂。上部叶渐小，有时羽状全裂。全部叶两面无毛，腺点不明显。基生叶花期生存，长椭圆形、倒披针形、倒卵形或卵形，长3~8cm，宽1.5~2.5cm，基部楔形，渐狭成长柄，柄长于叶片自身，边缘圆或具钝锯齿。头状花序单生于茎顶，有长花梗，或茎生2~5个头状花序，排成疏松伞房状。总苞径10~20mm。全部苞片无毛，边缘白色或褐色膜质。舌片长10~25mm。瘦果长2~3mm，无冠毛或舌状花瘦果有长达0.4mm的侧缘冠齿。

生物学特性：花果期5—10月。

分布：中国河南、江西、甘肃等地有归化野生类型。欧洲、北美洲及日本等也有野生。华家池校区、紫金港校区有分布。

景观应用：景观花卉。

滨菊景观植株（徐正浩摄）

滨菊下部茎叶（徐正浩摄）

滨菊花（徐正浩摄）

滨菊花蕾期植株（徐正浩摄）

71. 白晶菊 *Chrysanthemum paludosum* Poir.

中文异名：小白菊、晶晶菊

英文名：creeping daisy

分类地位：菊科（Asteraceae）茼蒿属（*Chrysanthemum* Linn.）

形态学特征：二年生草本花卉，株高15~25cm。叶互生，1~2回羽裂。头状花序顶生，盘状，边缘舌状花银白色，中央筒状花金黄色。花径3~4cm。

生物学特性：花期早春至春末。瘦果5月下旬成熟。

分布：原产于欧洲。多数校区有分布。

景观应用：景观花卉。常植于绿地、花坛、庭院等。

白晶菊花（徐正浩摄）

白晶菊植株（徐正浩摄）

白晶菊居群（徐正浩摄）

72. 雪叶莲 *Jacobaea maritima* (Linn.) Pelser et Meijden

中文异名：雪叶菊、银叶菊

英文名：silver ragwort, dusty miller

分类地位：菊科（Asteraceae）千里光属（*Jacobaea* Mill.）

形态学特征：多年生草本，或直立一年生草本。茎通常具叶，稀近攀缘状。基生叶通常具柄，无耳，三角形、提琴

雪叶莲花（徐正浩摄）

雪叶莲苗（徐正浩摄）

形或羽状分裂。茎生叶通常无柄，大头羽状或羽状分裂，边缘多少具齿，基部常具耳，羽状脉。头状花序通常少数至多数，排列成顶生简单或复伞房花序或圆锥聚伞花序。总苞具外层苞片，半球形，钟状或圆柱形。总苞片5~22片，离生。舌片黄色，顶端通常具3个细齿。管状花3朵至多朵。花冠黄色，檐部漏斗状或圆柱状，裂片5片。花药长圆形至线形。花柱分枝截形或多少凸起，边缘具较钝的乳头状毛，中央有或无较长的乳头状毛。瘦果圆柱形，具肋，无毛或被柔毛。冠毛毛状，顶端具叉状毛。

生物学特性：花期6—9月。

分布：原产于地中海地区。多数校区有分布。

景观应用：景观花卉。常作绿地栽培。

雪叶莲植株（徐正浩摄）

雪叶莲景观植株（徐正浩摄）

73. 苇状羊茅 *Festuca arundinacea* Schreb.

中文异名：高羊茅

英文名：tall fescue

分类地位：禾本科（Gramineae）羊茅属（*Festuca* Linn.）

形态学特征：多年生草本。秆成疏丛或单生，直立，高90~120cm，径2~2.5mm，具3~4个节，光滑，上部伸出鞘外的部分长达30cm。叶鞘光滑，具纵条纹，上部者远短于节间，顶生者长15~23cm。叶舌膜质，截平，长2~4mm。叶片线状披针形，先端长渐尖，通常扁平，叶背光滑无毛，叶面及边缘粗糙，长10~20cm，宽3~7mm。圆锥花序疏松开展，长20~28cm。分枝单生，长达15cm，自近基部处分出小枝或小穗。侧生小穗柄长1~2mm，小穗长7~10mm，含2~3朵花。颖片背部光滑无毛，顶端渐尖，边缘膜质。第1颖具1条脉，长2~3mm，第2颖具3条脉，长4~5mm。外稃椭圆状披针形，平滑，具5条脉，间脉常不明显，先端膜质2裂，裂齿间生芒，芒长7~12mm，细弱，先端曲。第1外稃长7~8mm。内稃与外稃近等长，先端2裂，两

苇状羊茅居群（徐正浩摄）

苇状羊茅花序（徐正浩摄）

脊近于平滑。花药长1~2mm。颖果长3~4mm，顶端有茸毛。
生物学特性：花果期4—8月。
分布：中国新疆有分布。各校区有分布。
景观应用：景观地被草本。

74. 花叶芦竹 *Arundo donax* ‘Versicolor’

中文异名：玉带草、斑叶芦竹、彩叶芦竹
英文名：giant cane, giant reed
分类地位：禾本科（Gramineae）芦竹属（*Arundo* Linn.）
形态学特征：芦竹（*Arunda donax* Linn.）的栽培变种。与芦竹的主要区别在于叶片具白色条纹斑。多年生宿根草本植物。根部粗而多结。秆高1~3m，茎部粗壮近木质化。地上茎挺直，具多节。叶互生，排成2列，弯垂，叶宽1~3.5cm。圆锥花序长10~40cm。小穗通常含4~7朵小花。
生物学特性：花果期9—12月。
分布：华家池校区、紫金港校区有分布。
景观应用：水生挺水观赏植物。

花叶芦竹景观植株（徐正浩摄）

75. 斑叶芒 *Miscanthus sinensis* ‘Zebrinus’

英文名：Chinese silver zebra grass, Eulalia zebra grass, maiden zebra grass, zebra grass, Susuki zebra grass, porcupine zebra grass
分类地位：禾本科（Gramineae）芒属（*Miscanthus* Anderss.）
形态学特征：芒（*Miscanthus sinensis* Anderss.）的栽培变种。与芒的主要区别在于叶片具银白色横截斑纹。
生物学特性：花果期7—12月。
分布：多数校区有分布。
景观应用：观赏草本。

斑叶芒叶（徐正浩摄）

斑叶芒花序（徐正浩摄）

斑叶芒花果期植株（徐正浩摄）

斑叶芒景观植株（徐正浩摄）

76. 细叶芒 *Miscanthus sinensis* ‘Gracillimus’

中文异名：京羽茅

分类地位：禾本科（Gramineae）芒属（*Miscanthus* Anderss.）

形态学特征：芒的栽培变种。与芒的主要区别在于叶片细狭。

生物学特性：花果期7—12月。

分布：紫金港校区、玉泉校区有分布。

景观应用：观赏草本。

细叶芒花序（徐正浩摄）

细叶芒花果期植株（徐正浩摄）

细叶芒景观植株（徐正浩摄）

77. 紫芋 *Colocasia tonoimo* Nakai

中文异名：芋头花

分类地位：天南星科（Araceae）芋属（*Colocasia* Schott）

形态学特征：块茎粗厚，可食，侧生小球茎若干个，倒卵形，多少具柄，表面生褐色须根，亦可食。叶1~5片，由

紫芋水生植株（徐正浩摄）

块茎顶部抽出，高1~1.2m，柄圆柱形，向上渐细，紫褐色。叶盾状，卵状箭形，深绿色，基部具弯缺，侧脉粗壮，边缘波状，长40~50cm，宽25~30cm。花序柄单一，外露部分长12~15cm，粗0.7~1cm，先端污绿色，其余与叶柄同色。佛焰苞管部长4.5~7.5cm，粗2~2.7cm，多少具纵棱，绿色或紫色，向上缢缩，变白色。檐部厚，席卷成角状，长19~20cm，金黄色，基部前面张开，长4~5cm，粗1.5~2.5cm。肉穗花序两性。基部雌花序长3~4.5cm，粗1~1.2cm，子房之间杂以棒状不育中性花，不育雄花序长1.5~2.2cm，粗4~7mm，花黄色，顶部带紫色。雄花序长3.5~5.7cm，粗6~8mm，雄花黄色，附属器角状，长1.5~2cm，粗0.2~0.4cm，具细槽纹。子房绿色，长0.5~1mm，多少侧向扁压，柱头脐状凸出，黄绿色，4~5浅裂，1室，侧膜胎座5个，胚珠多数，2列，绿色或透明，半倒生或近直立，卵形，珠被2层，珠柄弯曲。雌花序中不育中性花黄色，棒状，截头，长2~3mm，粗0.5~1mm。雄花倒卵形，淡绿色，顶部截平，边缘具纵长的药室，顶孔开裂。

生物学特性：花期7—9月。

分布：多数校区有分布。

景观应用：观赏植物。

紫芋旱生植株（徐正浩摄）

78. 绿萝 *Epipremnum aureum* (Linden et Andre) G. S. Bunting

中文异名：魔鬼藤、黄金葛、黄金藤

英文名：golden pothos, hunter's robe, ivy arum, money plant, silver vine, Solomon Islands ivy, taro vine, devil's vine, devil's ivy, money plant

分类地位：天南星科（Araceae）麒麟叶属（*Epipremnum* Schott）

形态学特征：高大藤本。茎攀缘，节间具纵槽，多分枝，枝悬垂。幼枝鞭状，细长，粗3~4mm，节间长15~20cm。叶柄长8~10cm，两侧具鞘达顶部，鞘革质，宿存，下部每侧宽0.7~1cm，向上渐狭。下部叶片大，长5~10cm，上部叶片长6~8cm，纸质，宽卵形，短渐尖，基部心形，宽5.5~6.5cm。成熟枝上叶柄粗壮，长30~40cm，基部稍扩大，上部关节长2.5~3cm，稍肥厚，腹面具宽槽，叶鞘长，叶片薄革质，翠绿色，通常具多数不规则的纯黄色斑块，全缘，不等侧的卵形或卵状长圆形，先端短渐尖，基部深心形，长32~45cm，宽24~36cm，侧脉8~9对，稍粗，两面略隆起。

生物学特性：不易开花，易于无性繁殖。

分布：原产于所罗门群岛。各校区有分布。

景观应用：室内景观花卉。

绿萝植株（徐正浩摄）

79. 白鹤芋 *Spathiphyllum kochii* Engl. et K. Krause

中文异名：白掌、和平芋、苞叶芋

分类地位：天南星科（Araceae）苞叶芋属（*Spathiphyllum* Schott）

形态学特征：多年生草本。株高30~40cm。叶长圆形或近披针形，具明显的中脉和叶柄，深绿色。佛焰苞大而显著，高出叶面，白色或微绿色，肉穗花序乳黄色。

生物学特性：春夏季开花。

分布：原产于哥伦比亚。多数校区有分布。

景观应用：栽培花卉。

白鹤芋肉穗花序（徐正浩摄）

白鹤芋植株（徐正浩摄）

80. 马蹄莲 *Zantedeschia aethiopica* (Linn.) Spreng.

中文异名：彩色马蹄莲

英文名：calla lily, arum lily

分类地位：天南星科（Araceae）马蹄莲属（*Zantedeschia* Spreng.）

形态学特征：多年生粗壮草本。具块茎。叶基生，柄长0.4~1.5m，下部具鞘。叶片较厚，绿色，心状箭形或箭形，先端锐尖、渐尖或具尾状尖头，基部心形或戟形，全缘，长15~45cm，宽10~25cm，无斑块，后裂片长6~7cm。花序梗长40~50cm，光滑。佛焰苞长10~25cm，管部短，黄色。檐部略后仰，锐尖或渐尖，具锥状尖头，亮白色，有时

马蹄莲佛焰苞和肉穗花序（徐正浩摄）

马蹄莲花期植株（徐正浩摄）

带绿色。肉穗花序圆柱形，长6~9cm，粗4~7mm，黄色，雌花序长1~2.5cm，雄花序长5~6.5cm。子房3~5室，渐狭为花柱，大部分周围有3枚假雄蕊。浆果短卵圆形，淡黄色，径1~1.2cm，有宿存花柱。种子倒卵状球形，直径3mm。

生物学特性：花期2—3月，果8—9月成熟。

分布：原产于非洲东北部及南部。多数校区有分布。

景观应用：栽培花卉。

81. 花烛 *Anthurium andraeanum* Linden

中文异名：红鹅掌、火鹤花、安祖花、红掌

英文名：tailflower, flamingo flower, laceleaf

分类地位：天南星科（Araceae）花烛属（*Anthurium* Schott）

形态学特征：多年生常绿草本植物。叶自基部生出，绿色，革质，全缘，长圆状心形或卵心形，柄细长。佛焰苞平出，卵心形，革质并有蜡质光泽，橙红色或猩红色。肉穗花序长5~7cm，黄色。

生物学特性：可常年开花不断。

分布：原产于哥斯达黎加、哥伦比亚等的热带雨林区。各校区有分布。

景观应用：栽培花卉。

花烛叶（徐正浩摄）

花烛佛焰苞和肉穗花序（徐正浩摄）

花烛花期植株（徐正浩摄）

花烛居群（徐正浩摄）

82. 羽叶喜林芋 *Philodendron bipinnatifidum* Schott ex Endl.

中文异名：春羽、裂叶喜树蕉、小天使蔓绿绒、羽裂蔓绿绒、羽叶蔓绿绒

英文名：lacy tree philodendron, selloum

分类地位：天南星科（Araceae）喜林芋属（*Philodendron* Schott）

形态学特征：多年生草本。株高达1m，径达10cm。茎有明显叶痕和气根。具长叶柄，长40~50cm。叶革质，单叶，羽状深裂，常下垂，长达60cm，宽达40cm，深绿色，具光泽。花小，花瓣缺。肉穗花序由佛焰苞紧包。肉穗花序白色，可育雄花顶生，不育雄花居中，可育雌花位于最下方。

生物学特性：喜高温，喜湿，不耐寒，耐阴暗。

分布：原产于南美洲。多数校区有栽培。

景观应用：观赏花卉。

羽叶喜林芋叶（徐正浩摄）

羽叶喜林芋植株（徐正浩摄）

83. 广东万年青 *Aglaonema modestum* Schott ex Engl.

中文异名：大叶万年青、井干草

英文名：Chinese evergreen

分类地位：天南星科（Araceae）广东万年青属（*Aglaonema* Schott）

形态学特征：多年生常绿草本。茎直立或上升，高40~70cm，径1~1.5cm，节间长1~2cm，上部的短缩。鳞叶草质，披针形，长7~8cm，长渐尖，基部扩大抱茎。叶柄长5~20cm，1/2以上具鞘。叶卵形或卵状披针形，长15~25cm，宽6~13cm，不等侧，先端有长1.5~2cm的渐尖，基部钝或宽楔形，深绿色，Ⅰ级侧脉4~5对，上举，叶面常下凹，叶背隆起，Ⅱ级侧脉细弱，不显。花序柄纤细，长5~12cm，佛焰苞长5.5~7cm，宽1~1.5cm，长圆状披针形，基部下延较长，先端长渐尖。肉穗花序长为佛焰苞的2/3，具长1cm的梗，圆柱形，细长，渐尖。雌花序长5~7.5mm，径3~5mm。雄花序长2~3cm，径3~4mm。雄蕊顶端常四方形，花药每室有1~2个圆形顶孔。雌蕊近球形，上部收缩为短的花柱，柱头盘状。浆

广东万年青茎叶（徐正浩摄）

果绿色至黄红色，长圆形，长1~2cm，径6~8mm，冠以宿存柱头。种子1粒，长圆形，长1.5~1.7cm。

生物学特性：花期5月，果期10—11月。

分布：中国广东、广西至云南东南部有分布。越南、菲律宾也有分布。多数校区有分布。

景观应用：观赏植物。常用于盆栽。

广东万年青叶（徐正浩摄）

广东万年青植株（徐正浩摄）

84. 尖尾芋　*Alocasia cucullata* (Lour.) Schott

中文异名：观音莲、假海芋

英文名：Chinese taro, Chinese ape, Buddha's hand, hooded dwarf elephant ear

分类地位：天南星科（Araceae）海芋属（*Alocasia*（Schott）G. Don）

形态学特征：多年生热带直立草本。地上茎圆柱形，径3~6cm，黑褐色，具环形叶痕，通常由基部伸出许多短缩的芽条，发出新枝，呈丛生状。叶柄绿色，长25~80cm，由中部至基部强烈扩大成宽鞘。叶膜质至亚革质，深绿色，背稍淡，宽卵状心形，先端骤狭，具凸尖，长10~40cm，宽7~25cm，基部圆形，中肋和Ⅰ级侧脉均较粗，侧脉5~8对，其中下部2对由中肋基部发出，下倾，然后弧曲上升。花序梗圆柱形，稍粗壮，常单生，长20~30cm。佛焰苞近肉质，管部长圆状卵形，淡绿至深绿色，长4~8cm，径2.5~5cm，檐部狭舟状，边缘内卷，先端具狭长的凸尖，长5~10cm，宽3~5cm，外面上部淡黄色，下部淡绿色。肉穗花序比佛焰苞短，长8~10cm，雌花序长1.5~2.5cm，圆柱形，基部斜截形，中部径5~7mm。不育雄花序长2~3cm，径2~3mm。能育雄花序近纺锤形，长3.5cm，中部径6~8mm，黄色。附属器淡绿色、黄绿色，狭圆锥形，长3~3.5cm，下部径4~6mm。浆果近球形，径6~8mm，通常有种子1粒。

尖尾芋植株（徐正浩摄）

尖尾芋茎叶（徐正浩摄）

生物学特性：花期5月。

分布：中国浙江、福建、广东、广西、云南、贵州、四川等地有分布。孟加拉国、斯里兰卡、缅甸、泰国也有分布。多数校区有分布。

景观应用：景观花卉。常用于盆栽。

85. 海芋 *Alocasia macrorrhiza* (Linn.) Schott

中文异名：滴水芋、滴水观音、巨型海芋

英文名：elephant ear, giant elephant, upright elephant ear

分类地位：天南星科（Araceae）海芋属（*Alocasia*（Schott）G. Don）

形态学特征：大型常绿草本植物。具匍匐根茎。茎直立，高3~5m，盆栽海芋的茎短，不足10cm，径10~30cm，基部长不定芽条。叶多数，柄绿色或污紫色，螺旋状排列，粗厚，长达1.5m，基部连鞘宽5~10cm，展开。叶亚革质，草绿色，箭状卵形，边缘波状，长50~90cm，宽40~90cm，有的长和宽1m以上。后裂片联合1/5~1/10，幼株叶片联合较多。前裂片三角状卵形，先端锐尖，Ⅰ级侧脉9~12对，下部粗，向上渐狭。后裂片多少圆形，弯缺锐尖，有时几达叶柄。叶柄和中肋黑色、褐色或白色。花序梗2~3个丛生，圆柱形，长12~60cm，通常绿色，有时污紫色。佛焰苞管部绿色，长3~5cm，径3~4cm，卵形或短椭圆形。檐部蕾期绿色，花期黄绿色、绿白色，凋萎时变黄色、白色，舟状，长圆形，略下弯，先端喙状，长10~30cm。雌花序白色，长2~4cm。不育雄花序绿白色，长2.5~6cm。能育雄花序淡黄色，长3~7cm。附属器淡绿色至乳黄色，圆锥状，长3~5.5cm，粗1~2cm，圆锥状，嵌以不规则的槽纹。浆果红色，卵状，长8~10mm，径5~8mm。种子1~2粒。

海芋茎（徐正浩摄）

海芋茎叶（徐正浩摄）

海芋叶（徐正浩摄）

海芋新叶（徐正浩摄）

海芋叶脉（徐正浩摄）

海芋基部（徐正浩摄）

生物学特性：肉穗花序芳香。花期周年。

分布：中国江西、福建、台湾、湖南、广东、广西、四川、贵州、云南等地有分布。自孟加拉国、印度东北部至中南半岛及菲律宾、印度尼西亚也有分布。多数校区有分布。

景观应用：观赏花卉。常植于绿地、庭院等，也用于盆栽。

海芋植株（徐正浩摄）

海芋景观植株（徐正浩摄）

86. 金钱树 *Zamioculcas zamiifolia* (Lodd.) Engl.

中文异名：金币树、雪铁芋、泽米叶天南星、龙凤木、美铁芋

英文名：money tree

分类地位：天南星科（Araceae）雪铁芋属（*Zamioculcas* Schott）

形态学特征：常绿草本植物。具地下块茎。主茎缺。不定芽自地下块茎长出。羽状复叶大型，自块茎抽出，叶轴圆柱形，通常径3~6mm，具柄。复叶常具小叶6~10对。小叶卵形或卵状椭圆形，长3.5~6cm，宽2.5~4cm，先端急尖，具小尖头，基部圆钝或宽楔形，叶面绿色或黄绿色，光亮，主脉和侧脉明显，下陷，侧脉8~12对，叶背淡绿色，主脉凸出，侧脉稍凸，柄长3~6mm。佛焰苞绿色或黄绿色，顶端具长细尖头。肉穗花序黄白色，长3.5~7cm。

生物学特性：喜暖，喜光耐荫，耐旱，不耐寒，忌强光。

分布：原产于非洲东部。各校区有分布。

景观应用：常用作室内观赏盆栽。

金钱树叶（徐正浩摄）

金钱树植株（徐正浩摄）

87. 吊竹梅 *Tradescantia zebrina* (Schinz) D. R. Hunt

中文异名：吊竹草、水竹草、斑叶鸭跖草

英文名：Inchplant, wandering jew

分类地位：鸭跖草科（Commelinaceae）紫露草属（*Tradescantia* Ruppius ex Linn.）

形态学特征：多年生草木。植株长达1m。茎柔弱，半肉质，具分枝，披散或悬垂。叶互生，无柄，椭圆形、椭圆状卵形至长圆形，长2.5~5cm，宽1.5~4cm，先端急尖至渐尖或稍钝，基部鞘状抱茎，叶鞘被疏长毛，腹面紫绿色而杂以银白色，中部和边缘有紫色条纹，背面紫色，通常无毛，全缘。花聚生于1对不等大的顶生叶状苞内。花萼连合成l个管，3裂，苍白色。花瓣裂片3片，玫瑰紫色。雄蕊6枚，着生于花冠管的喉部。子房3室，花柱丝状，柱头头状。

生物学特性：花期6—8月。

分布：原产于墨西哥。多数校区有分布

景观应用：景观花卉。常植于绿地、花坛等，也用于盆栽。

吊竹梅茎叶（徐正浩摄）

吊竹梅叶（徐正浩摄）

吊竹梅植株（徐正浩摄）

吊竹梅景观植株（徐正浩摄）

88. 风信子 *Hyacinthus orientalis* Linn.

风信子粉色花序（徐正浩摄）

中文异名：洋水仙、西洋水仙、五色水仙、时样锦

英文名：common hyacinth, garden hyacinth, Dutch hyacinth

分类地位：天门冬科（Asparagaceae）风信子属（*Hyacinthus* Tourn. ex Linn.）

形态学特征：多年生草本植物。鳞茎球形或扁球形，有膜质外皮，外被皮膜呈紫蓝色或白色等，皮膜颜色与花色相关。未开花期形如蒜。叶4~9片，基生，肉质，肥厚，狭披针形或带状披针形，具浅纵沟，绿色，具光泽。花茎肉质，花葶高15~45cm，中空，端部着生总状花序。小花10~20朵，密生于上部，多横向生长，稀下垂，漏斗状，花被筒

形，上部4裂，花冠漏斗状，基部花筒较长，裂片5片，向外侧下方反卷，有蓝色、粉红色、白色、鹅黄、紫色、黄色、绯红色、红色等色泽。原种浅紫色。

生物学特性：花芳香。花期早春，自然花期3—4月。

分布：原产于欧洲南部地中海沿岸、荷兰等地。多数校区有分布。

景观应用：盆栽花卉。

风信子紫色花序（徐正浩摄）

风信子花期植株（徐正浩摄）

风信子景观植株（徐正浩摄）

89. 文竹 *Asparagus setaceus* (Kunth) Jessop

中文异名：云片竹、刺天冬、云竹

英文名：common asparagus fern, lace fern, climbing asparagus, ferny asparagus

分类地位：天门冬科（Asparagaceae）天门冬属（*Asparagus* Linn.）

形态学特征：攀缘植物。长1.5~4m。根稍肉质，细长。茎分枝极多，分枝近平滑。叶状枝通常每10~13个成簇，刚毛状，略具3条棱，长4~5mm。鳞片状叶基部稍具刺状距或距不明显。花通常每1~4朵腋生，白色，具短梗。花被片长5~7mm。浆果径6~7mm，熟时紫黑色，内有1~3粒种子。

文竹叶（徐正浩摄）

文竹植株（徐正浩摄）

生物学特性：花期9—10月。

分布：原产于非洲南部。多数校区有分布。

景观应用：观赏花卉。常植于绿地、花坛、庭院等，也用于盆栽。

90. 石刁柏 *Asparagus officinalis* Linn.

中文异名：龙须菜、芦笋

英文名：asparagus, garden asparagus

分类地位：天门冬科（Asparagaceae）天门冬属（*Asparagus* Linn.）

形态学特征：直立草本。长1~1.5m。根粗2~3mm。茎平滑，上部在后期常俯垂，分枝较柔弱。叶状枝每3~6个成簇，近扁圆柱形，略有钝棱，纤细，常稍弧曲，长5~30mm，径0.3~0.5mm。鳞片状叶基部有刺状短距或近无距。雌雄异株。花单性，小，黄绿色，1~4朵簇生于叶腋。花梗长6~12mm，中部至中上部具关节。雄花花被片长圆形，长5~6mm，花丝中部以下贴生花被，花药椭圆形，背着。雌花小，花被长2~3mm。浆果径7~8mm，熟时红色，内有2~3粒种子。

生物学特性：花期5—6月，果期9—10月。

分布：中国新疆西北部有野生。玉泉校区、华家池校区、紫金港校区有分布。

景观应用：观赏花卉，嫩茎可食用。

石刁柏茎（徐正浩摄）

石刁柏茎叶（徐正浩摄）

石刁柏果实（徐正浩摄）

石刁柏果期植株（徐正浩摄）

91. 蜘蛛抱蛋 *Aspidistra elatior* Bl.

中文异名：一叶青、一叶兰、箬叶

英文名：cast-iron-plant, bar room plant

分类地位：天门冬科（Asparagaceae）蜘蛛抱蛋属（*Aspidistra* Ker Gawl.）

形态学特征：根状茎近圆柱形，径5~10mm，具节和鳞片。叶单生，矩圆状披针形、披针形至近椭圆形，长

22~46cm，宽8~11cm，先端渐尖，基部楔形，边缘多少皱波状，两面绿色，有时稍具黄白色斑点或条纹，柄粗壮，长5~35cm。总花梗长0.5~2cm。苞片3~4片，其中2片位于花的基部，宽卵形，长7~10mm，宽7~9mm，淡绿色，有时有紫色细点。花被钟状，长12~18mm，径10~15mm，外面带紫色或暗紫色，内面下部淡紫色或深紫色，上部6~8裂。花被筒长10~12mm。花被裂片近三角形，向外扩展或外弯，长6~8mm，宽3.5~4mm，先端钝，边缘和内侧的上部淡绿色，内面具特别肥厚的肉质脊状隆起，中间的2条细而长，两侧的2条粗而短，中部高达1.5mm，紫红色。雄蕊6~8枚，生于花被筒近基部，低于柱头。花丝短，花药椭圆形，长1~2mm。雌蕊高6~8mm，子房几不膨大。花柱无关节。柱头盾状膨大，圆形，径10~13mm，紫红色，上面具3~4深裂，裂缝两边多少向上凸出，中心部分微凸，裂片先端微凹，边缘常向上反卷。

生物学特性：花期5—6月。

分布：中国云南罗平、曲靖、临沧、思茅等地有分布。日本也有分布。多数校区有分布。

景观应用：观赏草本花卉。常植于绿地，也用于盆栽。

蜘蛛抱蛋叶（徐正浩摄）

蜘蛛抱蛋植株（徐正浩摄）

蜘蛛抱蛋景观植株（徐正浩摄）

92. 万年青 *Rohdea japonica* Roth

中文异名：红果万年青

英文名：Nippon lily, sacred lily, Japanese sacred lily

分类地位：天门冬科（Asparagaceae）万年青属（*Rohdea* Roth）

形态学特征：多年生草本植物。根具许多纤维，并密生白色绵毛。根状茎径1.5~2.5cm。叶3~6片，厚纸质，矩圆形、披针形或倒披针形，长15~50cm，宽2.5~7cm，先端急尖，基部稍狭，绿色，纵脉明显浮凸，鞘叶披针形，长5~12cm。花葶短于叶，长2.5~4cm。穗状花序长3~4cm，宽1.2~1.7cm，具几十朵密集的花。苞片卵形，膜质，短于花，长2.5~6mm，宽2~4mm。花被长4~5mm，宽5~6mm，淡黄色，裂片厚。花药卵形，长

万年青叶（徐正浩摄）

万年青景观植株（徐正浩摄）

1.4~1.5mm。浆果径6~8mm，熟时红色。

生物学特性：花期5—7月，果期9—11月。

分布：中国山东、江苏、浙江、江西、湖北、湖南、广西、贵州、四川等地有分布。日本也有分布。多数校区有分布。

景观应用：景观花卉。

93. 吊兰 *Chlorophytum comosum* (Thunb.) Baker

中文异名：桂兰、葡萄兰、钓兰、浙鹤兰、倒吊兰、八叶兰

英文名：spider plant, airplane plant, St. Bernard's lily, spider ivy, ribbon plant, hen and chickens

分类地位：天门冬科（Asparagaceae）吊兰属（*Chlorophytum* Ker Gawl.）

形态学特征：根状茎短，根稍肥厚。叶剑形，绿色或有黄色条纹，长10~30cm，宽1~2cm，向两端稍变狭。花葶比叶长，有时长可达50cm，常变为匍匐枝而在近顶部具叶簇或幼小植株。花白色，常2~4朵簇生，排成疏散的总状花序或圆锥花序。花梗长7~12mm，关节位于中部至上部。花被片长7~10mm，具3条脉。雄蕊稍短于花被片。花药矩圆形，长1~1.5mm，明显短于花丝，开裂后常卷曲。蒴果三棱状扁球形，长3~5mm，宽6~8mm，每室具种子3~5粒。

生物学特性：花期5月，果期8月。

分布：原产于非洲南部。各校区有分布。

景观应用：观赏草本花卉。常用于室内盆栽。

吊兰花（徐正浩摄）

吊兰果实（徐正浩摄）

吊兰植株（徐正浩摄）

94. 宽叶吊兰 *Chlorophytum capense* (Linn.) Voss

中文异名： 大叶吊兰

分类地位： 天门冬科（Asparagaceae）吊兰属（*Chlorophytum* Ker Gawl.）

宽叶吊兰植株（徐正浩摄）

形态学特征： 根状茎粗而长，近直生，径1~2cm，节上散生具绵毛的根。叶狭矩圆状披针形或披针形，宽2~5cm，基部渐狭成长柄，连柄长50~70cm，干后常变黑色。花葶稍长于叶或与叶近等长。花白色，通常每2朵着生，排成圆锥花序。圆锥花序有时具较多的分枝。花梗长3~5mm，关节位于近中部。花被片长8~10mm。雄蕊短于花被片。花药长3~4mm，比花丝稍长。蒴果三棱状球形，长6~7mm，宽7~9mm，每室具4粒种子。

生物学特性： 花期4—5月。

分布： 多数校区有分布。

景观应用： 观赏花卉。

宽叶吊兰花（徐正浩摄）

宽叶吊兰花期植株（徐正浩摄）

95. 银边吊兰 *Chlorophytum capense* ‘Variegatum’

银边吊兰植株（徐正浩摄）

中文异名： 吊兰

分类地位： 天门冬科（Asparagaceae）吊兰属（*Chlorophytum* Ker Gawl.）

形态学特征： 宽叶吊兰的园艺变种。与宽叶吊兰的主要区别在于叶片具黄色条纹斑。

生物学特性： 花期5月，果期8月。

分布： 多数校区有分布。

景观应用： 观赏花卉。

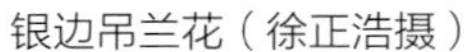

银边吊兰花（徐正浩摄）

银边吊兰花枝（徐正浩摄）

96. 紫萼　*Hosta ventricosa* (Salisb.) Stearn

中文异名：紫萼玉簪、东北玉簪、剑叶玉簪

分类地位：天门冬科（Asparagaceae）玉簪属（*Hosta* Tratt.）

形态学特征：根状茎径0.3~1cm。叶卵状心形、卵形至卵圆形，长8~19cm，宽4~17cm，先端通常近短尾状或骤尖，基部心形或近截形，极少叶片基部下延而略呈楔形，具7~11对侧脉，柄长6~30cm。花葶高60~100cm，具10~30朵花。苞片矩圆状披针形，长1~2cm，白色，膜质。花单生，长4~5.8cm，盛开时漏斗状扩大，紫红色。花梗长7~10mm。雄蕊伸出花被之外，离生。蒴果圆柱状，具3条棱，长2.5~4.5cm，径6~7mm。

生物学特性：花期6—7月，果期7—9月。

分布：中国华东、华中、华南、西南及陕西等地有分布。华家池校区、紫金港校区有分布。

景观应用：景观花卉。

紫萼花（徐正浩摄）

紫萼成株（徐正浩摄）

紫萼林下植株（徐正浩摄）

紫萼景观植株（徐正浩摄）

97. 富贵竹 *Dracaena braunii* Engl.

中文异名：万寿竹、距花万寿竹、开运竹、富贵塔等

英文名：Sander's dracaena, ribbon dracaena, lucky bamboo, curly bamboo, Chinese water bamboo, friendship bamboo, Goddess of Mercy plant, Belgian evergreen, ribbon plant

分类地位：天门冬科（Asparagaceae）龙血树属（*Dracaena* Vand. ex Linn.）

富贵竹景观植株（徐正浩摄）

形态学特征：多年生常绿小乔木。株高可达2m。根状茎横走，结节状。茎直立，上部有分枝。叶长披针形，似竹子，互生或近对生，纸质，长13~23cm，宽1.8~3.2cm，主脉3~7条，浓绿色，边缘白色或黄白色，柄长7.5~10cm。伞形花序有花3~10朵，生于叶腋或与上部叶对生，花被6片，花冠钟状，紫色。浆果近球形，黑色。

生物学特性：喜阴湿，耐涝，抗寒。

分布：原产于加利那群岛及非洲和亚洲热带地区。华家池校区有分布。

景观应用：观叶植物。

98. 长花龙血树 *Dracaena angustifolia* Roxb.

中文异名：槟榔青

分类地位：天门冬科（Asparagaceae）龙血树属（*Dracaena* Vand. ex Linn.）

形态学特征：常绿灌木。茎不分枝或稍分枝，环状叶痕，皮灰色。叶生于茎上部或近顶端，条状倒披针形，长20~45cm，宽1.5~5.5cm，中脉在中部以下明显，在基部渐窄成柄状，有时有明显的柄，柄长2~6cm。圆锥花序长30~50cm。花序轴无毛。花2~3朵簇生或单生，绿白色。花梗长7~8mm，关节位于上部或近顶端。花被圆筒状，长19~23mm。花被片下部合生成筒，筒长7~8mm，裂片长11~16mm。花丝丝状，花药长2~3mm。花柱长为子房的5~8倍。浆果径8~12mm，橘黄色，具1~2粒种子。

长花龙血树植株（徐正浩摄）

生物学特性：花期3—5月，果期6—8月。

分布：中国广东、台湾、云南等地有分布。东南亚也有分布。多数校区有分布。

景观应用：观叶植物。常用于盆栽。

99. 金边阔叶山麦冬 *Liriope muscari* 'Variegata'

中文异名：金边麦冬、金边万年久

英文名：golden edge big blue lilyturf

分类地位：天门冬科（Asparagaceae）山麦冬属（*Liriope* Herb.）

形态学特征：阔叶山麦冬（*Liriope muscari* （Decne.） L. H. Bailey）的园艺变种。与阔叶山麦冬的主要区别在于叶边缘有金色条纹斑。

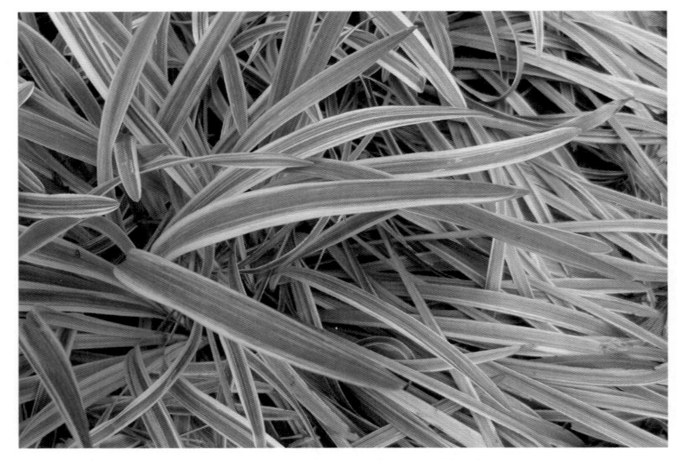
金边阔叶山麦冬叶（徐正浩摄）

金边阔叶山麦冬花期植株（徐正浩摄）

金边阔叶山麦冬景观植株（徐正浩摄）

金边阔叶山麦冬花期群体（徐正浩摄）

生物学特性： 花期7—8月，果期9—10月。

分布： 各校区有分布。

景观应用： 景观花卉。常植于绿地，也用于盆栽。

100. 芦荟 *Aloe vera* (Linn.) Burm. f.

中文异名： 卢会

英文名： aloe

芦荟穗状花序（徐正浩摄）

芦荟植株（徐正浩摄）

分类地位： 日光兰科（Asphodelaceae）芦荟属（*Aloe* Linn.）

形态学特征： 茎短。叶近簇生，肥厚多汁，条状披针形，粉绿色，长15~35cm，基部宽4~5cm，顶端有几个小齿，边缘疏生刺状小齿。花葶高60~90cm，不分枝或有时稍分枝。总状花序具几十朵花。苞片近披针形，先端锐尖。花稀疏排列，淡黄色而有红斑。花被长2~2.5cm，裂片先端稍外弯。雄蕊与花被近等长或比花被略长。花柱明显伸出花被外。

生物学特性： 喜光，耐旱。花期3—4月。

分布： 原产于非洲热带干旱地区。多数校区有分布。

景观应用： 景观花卉。常用于盆栽。

101. 山菅 *Dianella ensifolia* (Linn.) DC.

中文异名： 山菅兰

分类地位： 日光兰科（Asphodelaceae）山菅属（*Dianella* Lamarck ex A. L. Jussieu）

形态学特征： 植株高可达2m。根状茎圆柱状，横走，径5~8mm。叶条状披针形，长30~80cm，宽1~2.5cm，基部稍收狭成鞘状，套叠或抱茎，边缘和背面中脉具锯齿。顶端圆锥花序长10~40cm，分枝疏散。花常多朵生于侧枝上端。花梗长7~20mm，常稍弯曲。苞片小。花被片条状披针形，长6~7mm，绿白色、淡黄色至青紫色，具5条脉。花药条形，比花丝略长或与花丝近等长，花丝上部膨大。浆果近球形，深蓝色，径4~6mm，内含5~6粒种子。

生物学特性： 花果期8—9月。

分布： 中国华东、华中、华南、西南等地有分布。太平洋热带地区及非洲马达加斯加岛也有分布。舟山校区有分布。

景观应用： 景观花卉。

山菅叶（徐正浩摄）

山菅花（徐正浩摄）

山菅果实（徐正浩摄）

山菅花果期植株（徐正浩摄）

102. 紫娇花 *Tulbaghia violacea* Harv.

中文异名：洋韭、洋韭菜、非洲小百合

英文名：society garlic, pink agapanthus

分类地位：石蒜科（Amaryllidaceae）紫娇花属（*Tulbaghia* Linn.）

形态学特征：多年生草本植物。丛生，株高30~50cm。鳞茎肥厚，呈球形，径达2cm，具白色膜质叶鞘。叶多为半圆柱形，中央稍空，长20~30cm，宽4~5mm，叶鞘长5~20cm。花茎直立，高30~60cm。伞形花序球形，具多数花，径2~5cm。花被粉红色，花被片6片，卵状长圆形，长4~5mm，基部稍结合，先端钝或锐尖，背脊紫红色。雄蕊较花被长，着生于花被基部，花丝下部扁而阔，基部略连合。花柱外露，柱头小，不分裂。果实为三角形蒴果，内含扁平硬实的黑色种子。

生物学特性：花期5—7月。

分布：原产地为南非。紫金港校区有分布。

景观应用：景观花卉。

紫娇花叶（徐正浩摄）

紫娇花的花（徐正浩摄）

紫娇花花序（徐正浩摄）

紫娇花花期植株（徐正浩摄）

103. 君子兰 *Clivia miniata* (Lindl.) Verschaff.

中文异名：大花君子兰、大叶石蒜、剑叶石蒜、达木兰

英文名：Natal lily, bush lily, Kaffir lily

分类地位：石蒜科（Amaryllidaceae）君子兰属（*Clivia* Lindl.）

形态学特征：多年生草本。花茎宽1~2cm。茎基部宿存的叶基呈鳞茎状。基生叶质厚，深绿色，具光泽，带状，长30~50cm，宽3~5cm，下部渐狭。伞形花序有花10~20朵，有时更多。花梗长2.5~5cm。花直立向上，花被宽漏斗形，鲜红色，内面略带黄色。花被管长3~5mm，外轮花被裂片顶端有微凸头，内轮顶端微凹，略长于雄蕊。花柱长，稍伸出于花被外。浆果紫红色，宽卵形。

生物学特性：花期为春夏季，有时冬季也可开花。

分布：原产于非洲南部。各校区有分布。

景观应用：观赏花卉。常用于盆栽。

君子兰叶（徐正浩摄）

君子兰花（徐正浩摄）

君子兰花期植株（徐正浩摄）

104. 水仙　*Narcissus tazetta* subsp. *chinensis* (M. Roem.) Masam. et Yanagih.

中文异名：中国水仙、水仙花

英文名：paperwhite, bunch-flowered narcissus, Bunch-flowered Daffodil, Chinese sacred lily, cream narcissus, joss flower, polyanthus narcissus

分类地位：石蒜科（Amaryllidaceae）水仙属（*Narcissus* Linn.）

形态学特征：鳞茎卵球形。叶宽线形，扁平，长20~40cm，宽8~15mm，钝头，全缘，粉绿色。花茎几与叶等长。伞形花序有花4~8朵。佛焰苞状总苞膜质。花梗长短不一。花被管细，灰绿色，近三棱形，长1~2cm。花被裂片6片，卵圆形至阔椭圆形，顶端具短尖头，扩展，白色。副花冠浅杯状，淡黄色，不皱缩，长不及花被的1/2。雄蕊6枚，着生于花被管内，花药基着。子房3室，每室有胚珠多数，花柱细长，柱头3裂。蒴果室背开裂。

生物学特性：花芳香。花期春季。

分布：原产于亚洲东部的海滨温暖地区。各校区有分布。

景观应用：观赏花卉。

水仙花（徐正浩摄）

105. 石蒜 *Lycoris radiata* (L' Hér.) Herb.

中文异名：龙爪花

英文名：red spider lily, red magic lily

分类地位：石蒜科（Amaryllidaceae）石蒜属（*Lycoris* Herb.）

形态学特征：花茎高25~30cm。鳞茎近球形，径1~3cm。叶狭带状，长12~15cm，宽0.3~0.5cm，顶端钝，深绿色，中间有粉绿色带。总苞片2片，披针形，长3~5cm，宽0.3~0.5cm。伞形花序有花4~7朵，花鲜红色。花被裂片狭倒披针形，长2.5~3cm，宽0.3~0.5cm，强度皱缩和反卷，花被裂片背面具绿色中肋，长0.3~0.5cm。雄蕊显著伸出于花被外，比花被长。

生物学特性：秋季出叶。花期8—9月，果期10月。

分布：中国华东、华中、华南、西南及陕西等地有分布。日本也有分布。多数校区有分布。

景观应用：景观花卉。

石蒜叶（徐正浩摄）

石蒜花（徐正浩摄）

石蒜雄蕊和花柱（徐正浩摄）

石蒜居群（徐正浩摄）

106. 忽地笑 *Lycoris aurea* (L' Hér.) Herb.

中文异名：铁色箭

英文名：golden spider lily

分类地位：石蒜科（Amaryllidaceae）石蒜属（*Lycoris* Herb.）

形态学特征：鳞茎卵形，径4~5cm。叶剑形，长50~60cm，最宽处达2.5cm，向基部渐狭，宽1.5~1.7cm，顶端渐尖，中间淡色带明显。花茎高50~60cm。总苞片2片，披针形，长3~3.5cm，宽0.5~0.8cm。伞形花序有花4~8朵。花黄

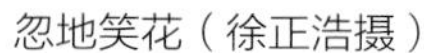

忽地笑花（徐正浩摄）

忽地笑花期植株（徐正浩摄）

色。花被裂片背面具淡绿色中肋，倒披针形，长5~6cm，宽0.5~1cm，极反卷和皱缩。花被筒长12~15cm。雄蕊略伸出于花被外，比花被长1/6左右，花丝黄色。花柱上部玫瑰红色。蒴果具3条棱，室背开裂。种子少数，近球形，径0.5~0.7cm，黑色。

生物学特性：秋季出叶。花期8—9月，果期10月。

分布：中国福建、台湾、湖北、湖南、广东、广西、四川、云南等地有分布。日本和缅甸也有分布。华家池校区有分布。

景观应用：景观花卉。常植于绿地、庭院，也用于盆栽。

107. 长筒石蒜 *Lycoris longituba* Y. Hsu et Q. J. Fan

英文名：long tube surprise lily

分类地位：石蒜科（Amaryllidaceae）石蒜属（*Lycoris* Herb.）

形态学特征：鳞茎卵球形，径3~4cm。叶披针形，长30~38cm，宽1~1.5cm，中部最宽处达2.5cm，顶端渐狭或圆头，绿色，中间淡色带明显。花茎高60~80cm。总苞片2片，披针形，长4~5cm，顶端渐狭，基部最宽达1.5cm。伞形花序有花5~7朵。花白色，径4~5cm。花被裂片腹面稍有淡红色条纹，长椭圆形，长6~8cm，宽

长筒石蒜叶（徐正浩摄）

长筒石蒜花（徐正浩摄）

长筒石蒜雄蕊和花柱（徐正浩摄）

长筒石蒜花序（徐正浩摄）

长筒石蒜景观植株（徐正浩摄）

1~1.5cm，顶端稍反卷，边缘不皱缩，花被筒长4~6cm。雄蕊6枚，略短于花被，花丝白色，基部带黄色，先端上弯，花药黄色。花柱伸出花被外。

生物学特性：早春出叶。花期7—8月。

分布：中国江苏有分布。紫金港校区有分布。

景观应用：景观花卉。常植于绿地、庭院，也用于盆栽。

108. 换锦花 *Lycoris sprengeri* Comes ex Baker

换锦花球茎（徐正浩摄）

英文名：tie dye surprise lily

分类地位：石蒜科（Amaryllidaceae）石蒜属（*Lycoris* Herb.）

形态学特征：鳞茎卵形，径3~3.5cm。叶带状，长25~30cm，宽0.6~1cm，绿色，顶端钝。花茎高50~60cm。总苞片2片，长3~3.5cm，宽1~1.2cm。伞形花序有花4~6朵。花淡紫红色，花被裂片顶端常带蓝色，倒披针形，长3.5~4.5cm，宽0.6~1cm，边缘不皱缩。花被筒长1~1.5cm。雄蕊6枚，花药黄色，花丝粉红色，略带紫色，先端斜上翘，与花被近等长或稍短于花被。花柱细长，粉红色，先端紫红色，略伸出于花被外或稍短于花

换锦花的花（徐正浩摄）

换锦花植株（徐正浩摄）

被。蒴果具3条棱，室背开裂。种子近球形，径0.3~0.5cm，黑色。

生物学特性：早春出叶。花期8—9月。

分布：中国安徽、江苏、浙江、湖北等地有分布。华家池校区、紫金港校区有分布。

景观应用：景观花卉。常植于绿地、庭院，也用于盆栽。

109. 葱莲 *Zephyranthes candida* (Lindl.) Herb.

中文异名：葱兰、玉帘

英文名：autumn zephyrlily, white windflower, Peruvian swamp lily

分类地位：石蒜科（Amaryllidaceae）葱莲属（*Zephyranthes* Herb.）

形态学特征：多年生草本。鳞茎卵形，径2~2.5cm，具有明显的颈部，颈长2.5~5cm。叶狭线形，肥厚，亮绿色，长20~30cm，宽 2~4mm。花茎中空。花单生于花茎顶端，下有带褐红色的佛焰苞状总苞。总苞片顶端2裂。花梗长0.6~1cm。花白色，外面常带淡红色，几无花被管，花被片6片，长3~5cm，顶端钝或具短尖头，宽0.6~1cm，近喉部常有很小的鳞片。雄蕊6枚，花丝淡绿色，花药黄色，短于花被。花柱细长，柱头不明显3裂。蒴果近球形，径0.8~1.2cm，3瓣开裂。种子黑色，扁平。

生物学特性：花期秋季。

分布：原产于南美洲。各校区有分布。

景观应用：观赏花卉。常植于绿地、公园、庭院等，也用于盆栽。

葱莲花（徐正浩摄）

葱莲花期植株（徐正浩摄）

葱莲果期植株（徐正浩摄）

葱莲居群（徐正浩摄）

110. 韭莲 *Zephyranthes carinata* Herb.

中文异名：红玉帘、菖蒲莲、风雨花、风雨兰、韭兰、红花葱兰、韭菜莲

英文名：rosepink zephyr lily, pink rain lily

分类地位：石蒜科（Amaryllidaceae）葱莲属（*Zephyranthes* Herb.）

形态学特征：多年生草本。鳞茎卵球形，径2~3cm，外皮酒红色。基生叶自鳞茎抽出，常4~6片簇生，线形，扁平，长15~30cm，宽6~8mm，鲜绿色，基部带红色。花葶直立或斜升，长10~15cm。花单生于花茎顶端，下有佛焰苞状总苞，总苞片淡紫红色至紫色，长2.5~3cm，下部合生成管。花梗长2~3cm。花单一，漏斗状，花被粉红至玫瑰红色。花被管长1~2.5cm，花被裂片6片，裂片倒卵形，顶端略尖，长3~6cm。雄蕊6枚，花丝白色，不等长，长花丝长1.8~2.5mm，短花丝长1.2~1.6mm，花药丁字形着生，长5~6mm，短于花被片。子房下位，3室，胚珠多数，花柱细长，丝状，柱头深5裂。蒴果近球形，3瓣裂。种子黑色，具光泽，扁平。

生物学特性：花期夏秋季。

分布：原产于墨西哥、哥伦比亚及中美洲。多数校区有分布。

景观应用：观赏花卉。常植于绿地、庭院等，也用于盆栽。

韭莲花（徐正浩摄）

韭莲花期植株（徐正浩摄）

111. 花朱顶红 *Hippeastrum vittatum* (L' Hér.) Herb.

花朱顶红叶（徐正浩摄）

中文异名：朱顶红、朱顶兰、柱顶红、百子莲

分类地位：石蒜科（Amaryllidaceae）朱顶红属（*Hippeastrum* Herb.）

形态学特征：多年生草本。花茎中空，稍扁，高30~40cm，宽1~2cm，具白粉。鳞茎近球形，径5~7.5cm，并有匍匐枝。叶6~8片，花后抽出，鲜绿色，带形，长20~30cm，基部宽2~2.5cm。花通常2~4朵，佛焰苞状总苞片披针形，长3~3.5cm。花梗纤细，长3~3.5cm。花被管绿色，圆筒状，长1.5~2cm，花被裂片长圆形，顶端尖，长10~12cm，宽3~5cm，洋红色，略带绿色，喉部有小鳞片。雄蕊6枚，长6~8cm，花丝红色，花药线状长圆形，长4~6mm，宽1.5~2mm。子房长1~1.5cm，花柱长8~10cm，柱头3裂。

生物学特性：花期夏季。

分布：原产于南美洲。各校区有分布。

景观应用：观赏花卉。常植于绿地、花坛、庭院等，也用于盆栽。

花朱顶红花（徐正浩摄）

花朱顶红紫花药花（徐正浩摄）

花朱顶红雄蕊和柱头（徐正浩摄）

花朱顶红柱头（徐正浩摄）

花朱顶红紫花药（徐正浩摄）

花朱顶红花期植株（徐正浩摄）

花朱顶红成株（徐正浩摄）

花朱顶红景观植株（徐正浩摄）

112. 射干 *Iris domestica* (Linn.) Goldblatt et Mabb.

中文异名：野萱花

英文名：leopard lily, blackberry lily, leopard flower

分类地位：鸢尾科（Iridaceae）鸢尾属（*Iris* Linn.）

形态学特征：多年生草本。须根多数，带黄色。根状茎为不规则的块状，斜伸，黄色或黄褐色。茎高1~1.5m，实心。叶互生，嵌迭状排列，剑形，长20~60cm，宽2~4cm，基部鞘状抱茎，顶端渐尖，无中脉。花序顶生，叉状分枝，每分枝的顶端聚生有数朵花。花梗细，长1~1.5cm。花梗及花序的分枝处均包有膜质的苞片，苞片披针形或卵圆形。花橙红色，散生紫褐色的斑点，径4~5cm。花被裂片6片，2轮排列，外轮花被裂片倒卵形或长椭圆形，长2~2.5cm，宽0.6~1cm，顶端钝圆或微凹，基部楔形，内轮较外轮花被裂片略短而狭。雄蕊3枚，长1.8~2cm，着生于外花被裂片的基部，花药条形，外向开裂，花丝近圆柱形，基部稍扁而宽。花柱上部稍扁，顶端3裂，裂片边缘略向外卷，有细而短的毛，子房下位，倒卵形，3室，中轴胎座，胚珠多数。蒴果倒卵形或长椭圆形，长2.5~3cm，径1.5~2.5cm，顶端无喙，常残存凋萎的花被，成熟时室背开裂，果瓣外翻，中央有直立的果轴。种子圆球形，黑紫色，有光泽，径3~5mm，着生在果轴上。

生物学特性：花期6—8月，果期7—9月。

分布：中国东北、华北、华东、华南、华中、西南、西北等地有分布。朝鲜、日本、印度、越南、俄罗斯等也有分布。各校区有分布。

景观应用：景观花卉。

射干花（徐正浩摄）

射干花期植株（徐正浩摄）

射干成株（徐正浩摄）

射干居群（徐正浩摄）

113. 黄菖蒲 *Iris pseudacorus* Linn.

中文异名：黄花鸢尾

英文名：yellow flag, yellow iris, water flag, lever

分类地位：鸢尾科（Iridaceae）鸢尾属（*Iris* Linn.）

形态学特征：多年生草本。根状茎粗壮，径可达2.5cm，斜伸，节明显，黄褐色。须根黄白色，有皱缩的横纹。基生叶灰绿色，宽剑形，长40~60cm，宽1.5~3cm，顶端渐尖，基部鞘状，色淡，中脉较明显。花茎粗壮，高60~70cm，径4~6mm，有明显的纵棱，上部分枝，茎生叶比基生叶短而窄。苞片3~4片，膜质，绿色，披针形，长6.5~8.5cm，宽1.5~2cm，顶端渐尖。花黄色，径10~11cm。花梗长5~5.5cm。花被管长1~1.5cm，外花被裂片卵圆形或倒卵形，长5~7cm，宽4.5~5cm，爪部狭楔形，中央下陷，呈沟状，有黑褐色的条纹，内花被裂片较小，倒披针形，直立，长2.5~3cm，宽3~5mm。雄蕊长2.5~3cm，花丝黄白色，花药黑紫色。花柱分枝淡黄色，长4~4.5cm，宽1~1.2cm，顶端裂片半圆形，边缘有疏牙齿，子房绿色，三棱状柱形，长2~2.5cm，径3~5mm。

生物学特性：花期5月，果期6—8月。

分布：原产于欧洲。紫金港校区有分布。

景观应用：景观花卉。常用作浅水域挺水景观花卉。

黄菖蒲花（徐正浩摄）

黄菖蒲花果期植株（徐正浩摄）

黄菖蒲景观植株（徐正浩摄）

114. 鸢尾 *Iris tectorum* Maxim.

中文异名：蓝蝴蝶、屋顶鸢尾、紫蝴蝶

英文名：roof iris, Japanese roof iris, wall iris

分类地位：鸢尾科（Iridaceae）鸢尾属（*Iris* Linn.）

形态学特征：多年生草本。须根较细而短。根状茎粗壮，二歧分枝，径0.6~1cm，斜伸。叶基生，黄绿色，稍弯曲，中部略宽，宽剑形，长15~50cm，宽1.5~3.5cm，顶端渐尖或短渐尖，基部鞘状，有数条不明显的纵脉。花茎光滑，高20~40cm，顶部常有1~2个短侧枝，中、

鸢尾花（徐正浩摄）

下部有1~2片茎生叶。苞片2~3片，绿色，草质，边缘膜质，色淡，披针形或长卵圆形，长5~7.5cm，宽2~2.5cm，顶端渐尖或长渐尖，内包含1~2朵花。花蓝紫色，径8~10cm。花梗甚短。花被管细长，长2~3cm，上端膨大成喇叭形，外花被裂片圆形或宽卵形，长5~6cm，宽3~4cm，顶端微凹，爪部狭楔形，中脉上有不规则的鸡冠状附属物，呈不整齐的繸状裂，内花被裂片椭圆形，长4.5~5cm，宽2~3cm，花盛开时向外平展，爪部突然变细。雄蕊长2~2.5cm，花药鲜黄色，花丝细长，白色。花柱分枝扁平，淡蓝色，长3~3.5cm，顶端裂片近四方形，有疏齿，子房纺锤状圆柱形，长1.8~2cm。蒴果长椭圆形或倒卵形，长4.5~6cm，径2~2.5cm，有6条明显的肋，成熟时自上而下3瓣裂。种子黑褐色，梨形，无附属物。

鸢尾花期植株（徐正浩摄）

生物学特性：花期4—5月，果期6—8月。

分布：中国华东、华中、华南、西南、西北等地有分布。各校区有分布。

景观应用：景观花卉。常植于绿地、向阳坡地、林缘、湿地等。

鸢尾成株（徐正浩摄）

鸢尾居群（徐正浩摄）

115. 蝴蝶花 *Iris japonica* Thunb.

中文异名：日本鸢尾

英文名：fringed iris, butterfly flower

蝴蝶花花茎（徐正浩摄）

蝴蝶花淡紫花（徐正浩摄）

分类地位： 鸢尾科（Iridaceae）鸢尾属（*Iris* Linn.）

形态学特征： 多年生草本。具直立根状茎和纤细的横走根状茎，直立根状茎扁圆形，具多数较短的节间，棕褐色，横走根状茎节间长，黄白色。须根生于根状茎的节上，分枝多。叶基生，暗绿色，有光泽，近地面处带红紫色，剑形，长25~60cm，宽1.5~3cm，顶端渐尖，无明显的中脉。花茎直立，高于叶片，顶生稀疏总状聚伞花序，分枝5~12个，与苞片等长或略超出苞片。苞片叶状，3~5片，宽披针形或卵圆形，长0.8~1.5cm，顶端钝，其中包含2~4朵花，花淡蓝色或蓝紫色，径4.5~5cm。花梗伸出苞片之外，长1.5~2.5cm。花被管明显，长1.1~1.5cm，外花被裂片倒卵形或椭圆形，长2.5~3cm，宽1.4~2cm，顶端微凹，基部楔形，边缘波状，有细齿裂，中脉上有隆起的黄色鸡冠状附属物，内花被裂片椭圆形或狭倒卵形，长2.8~3cm，宽1.5~2.1cm，爪部楔形，顶端微凹，边缘有细齿裂，花盛开时向外展开。雄蕊长0.8~1.2cm，花药长椭圆形，白色。花柱分枝较内花被裂片略短，中肋处淡蓝色，顶端裂片缝状丝裂，子房纺锤形，长0.7~1cm。蒴果椭圆状柱形，长2.5~3cm，径1.2~1.5cm，顶端微尖，基部钝，无喙，6条纵肋明显，成熟时自顶端开裂至中部。种子黑褐色，为不规则的多面体，无附属物。

生物学特性： 花期3—4月，果期5—6月。

分布： 中国华东、华中、华南、西南、西北等地有分布。日本也有分布。各校区有分布。

景观应用： 景观花卉。常植于绿地。

蝴蝶花粉花（徐正浩摄）

蝴蝶花白底紫斑花（徐正浩摄）

蝴蝶花白底黄斑花（徐正浩摄）

蝴蝶花花期植株（徐正浩摄）

蝴蝶花成株（徐正浩摄）

蝴蝶花景观植株（徐正浩摄）

116. 芭蕉 *Musa basjoo* Sieb. et Zucc. ex Iinuma

中文异名：甘蕉、大叶芭蕉、大头芭蕉、芭蕉头、芭苴

英文名：Japanese banana, Japanese fibre banana, hardy banana

分类地位：芭蕉科（Musaceae）芭蕉属（*Musa* Linn.）

芭蕉叶（徐正浩摄）

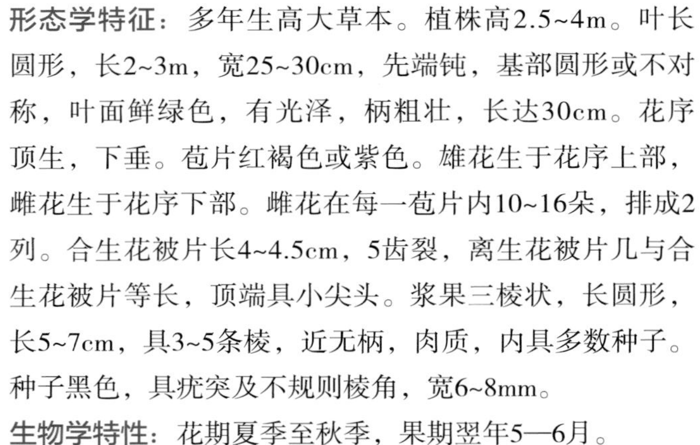

形态学特征：多年生高大草本。植株高2.5~4m。叶长圆形，长2~3m，宽25~30cm，先端钝，基部圆形或不对称，叶面鲜绿色，有光泽，柄粗壮，长达30cm。花序顶生，下垂。苞片红褐色或紫色。雄花生于花序上部，雌花生于花序下部。雌花在每一苞片内10~16朵，排成2列。合生花被片长4~4.5cm，5齿裂，离生花被片几与合生花被片等长，顶端具小尖头。浆果三棱状，长圆形，长5~7cm，具3~5条棱，近无柄，肉质，内具多数种子。种子黑色，具疣突及不规则棱角，宽6~8mm。

生物学特性：花期夏季至秋季，果期翌年5—6月。

分布：原产于琉球群岛。各校区有分布。

景观应用：观赏植物。

芭蕉雌花（徐正浩摄）

芭蕉花序（徐正浩摄）

芭蕉幼果（徐正浩摄）

芭蕉花期植株（徐正浩摄）

芭蕉成株（徐正浩摄）

芭蕉景观植株（徐正浩摄）

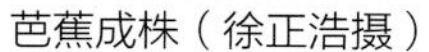117. 美人蕉　*Canna indica* Linn.

中文异名： 红艳蕉、小花美人蕉、小芭蕉

英文名： Indian shot, African arrowroot, edible canna, purple arrowroot, Sierra Leone arrowroot

分类地位： 美人蕉科（Cannaceae）美人蕉属（*Canna* Linn.）

形态学特征： 植株全部绿色，高可达1.5m。植株无毛，有粗壮的根状茎。叶卵状长圆形，长10~30cm，宽达10cm。总状花序疏花，略超出于叶片之上。花红色，单生。苞片卵形，绿色，长1~1.2cm。萼片3片，披针形，长0.7~1cm，绿色而有时染红。花冠管长不及1cm，花冠裂片披针形，长3~3.5cm，绿色或红色。外轮退化雄蕊3枚，鲜红色，其中2枚倒披针形，长3.5~4 cm，宽5~7mm，另1枚如存在则特别小，长1.5cm，宽仅1mm。唇瓣披针形，长2~3cm，弯曲。发育雄蕊长2~2.5cm，花药长5~6mm。花柱扁平，长2~3cm，1/2和发育雄蕊的花丝连合。蒴果绿色，长卵形，有软刺，长1.2~1.8cm。

生物学特性： 花果期3—12月。

分布： 原产于印度。多数校区有分布。

景观应用： 观赏草本植物。

美人蕉花期植株（徐正浩摄）

美人蕉景观植株（徐正浩摄）

118. 大花美人蕉 *Canna × generalis* L. H. Bailey et E. Z. Bailey

中文异名：兰蕉、红艳蕉

英文名：canna lily

分类地位：美人蕉科（Cannaceae）美人蕉属（*Canna* Linn.）

形态学特征：多年生球根类花卉。主要由美人蕉杂交改良而来。株高1~1.5m，茎、叶和花序均被白粉。地下具肥壮多节的根状茎，地上假茎直立无分枝。叶椭圆形，长达40cm，宽达20cm，叶缘、叶鞘紫色。总状花序顶生，连总花梗长15~30cm。花大，密集，每一苞片内有花1~2朵。萼片披针形，长1.5~3cm。花冠管长5~10mm，花冠裂片披针形，长4.5~6.5cm。外轮退化雄蕊3枚，倒卵状匙形，长5~10cm，宽2~5cm，具红、橘红、淡黄、白色等色彩。唇瓣倒卵状匙形，长3.5~4.5cm，宽1~4cm。发育雄蕊披针形，长3~4cm，宽2~2.5cm。子房球形，径4~8mm。花柱带形，离生部分长3~3.5cm。蒴果椭圆形，外被软刺。种子圆球形，黑色。

生物学特性：花期秋季。

分布：多数校区有分布。

景观应用：为园艺杂交品种，花大而美，颜色多样。供观赏。

大花美人蕉茎叶（徐正浩摄）

大花美人蕉红花（徐正浩摄）

大花美人蕉橘红花（徐正浩摄）

大花美人蕉橘黄花（徐正浩摄）

大花美人蕉黄花（徐正浩摄）

大花美人蕉果实（徐正浩摄）

大花美人蕉红花植株（徐正浩摄）

大花美人蕉黄花植株（徐正浩摄）

大花美人蕉橘红花景观植株（徐正浩摄）

119. 柔瓣美人蕉　*Canna flaccida* Salisb.

中文异名：黄花美人蕉

英文名：Canna flaccida

分类地位：美人蕉科（Cannaceae）美人蕉属（*Canna* Linn.）

形态学特征：株高1.3~2m。茎绿色。叶长圆状披针形，长25~60cm，宽10~12cm，先端渐尖，具尖头。总状花序直立，花少而疏。苞片极小。花黄色，质柔而脆。萼片披针形，长2~2.5cm，绿色。花冠管明显，长达萼的2倍。花冠裂片线状披针形，长达8cm，宽达1.5cm，花后反折。唇瓣圆形。外轮退化雄蕊3枚，圆形，长5~7cm，宽3~4cm。发育雄蕊半倒卵形。花柱短，椭圆形。蒴果椭圆形，长5~6cm，宽3~4cm。

生物学特性：耐寒，耐涝。在原产地无休眠性，周年生长开花。花夜间开放，次日枯萎。在北纬地区，花期8—10月，果实10月成熟。

分布：原产于美国东南部。印度有野生。华家池校区、紫金港校区有分布。

景观应用：景观花卉。

柔瓣美人蕉花（徐正浩摄）

柔瓣美人蕉花冠裂片（徐正浩摄）

柔瓣美人蕉花期植株（徐正浩摄）

柔瓣美人蕉茎叶（徐正浩摄）

120. 花叶美人蕉 *Cannaceae* × *generalis*‘Variegata’

中文异名：粉美人蕉

分类地位：美人蕉科（Cannaceae）美人蕉属（*Canna* Linn.）

形态学特征：大花美人蕉的园艺变种。与大花美人蕉的区别在于主脉和侧脉呈黄色。

生物学特性：花期夏秋季。

分布：多数校区有分布。

景观应用：景观花卉。

花叶美人蕉花（徐正浩摄）

花叶美人蕉花期植株（徐正浩摄）

花叶美人蕉景观植株（徐正浩摄）

花叶美人蕉苗（徐正浩摄）

第三章　浙大校园特色栽培作物

1. 莼菜　*Brasenia schreberi* J. F. Gmel.

英文名： watershield , water shield

分类地位： 睡莲科（Nymphaeaceae）莼属（*Brasenia* Schreb.）

形态学特征： 多年生水生草本。根状茎具叶及匍匐枝，节部生根。叶椭圆状矩圆形，长3.5~6cm，宽5~10cm，叶背蓝绿色，两面无毛，从叶脉处皱缩，柄长25~40cm。花径1~2cm，暗紫色。花梗长6~10cm。萼片及花瓣条形，长1~1.5cm，先端圆钝。坚果矩圆卵形。种子卵形。

生物学特性： 花期6月，果期10—11月。

分布： 中国江苏、浙江、江西、湖南、四川、云南等地有分布。俄罗斯、日本、印度、美国、加拿大及大洋洲东部、非洲西部也有分布。紫金港校区有分布。

莼菜匍匐枝（徐正浩摄）

莼菜叶（徐正浩摄）

2. 黄麻　*Corchorus capsularis* Linn.

英文名： white jute

分类地位： 椴树科（Tiliaceae）黄麻属（*Corchorus* Linn.）

黄麻果实（徐正浩摄）

黄麻果期植株（徐正浩摄）

形态学特征： 直立木质草本。高1~2m。叶纸质，卵状披针形至狭窄披针形，长5~12cm，宽2~5cm，先端渐尖，基部圆形，两面均无毛，侧脉6~7对，边缘有粗锯齿，柄长1.5~2cm。花单生或数朵排成腋生聚伞花序。花序梗及花梗短。萼片4~5片，长3~4mm。花瓣黄色，倒卵形，与萼片等长。雄蕊18~22枚，离生。子房无毛，柱头浅裂。蒴果球形，径0.8~1.2cm，表面有直行钝棱及小瘤状突起，5瓣裂开。

生物学特性： 花期夏季，果秋后成熟。

分布： 原产于亚洲热带地区。华家池校区有栽培。

3. 长蒴黄麻 *Corchorus olitorius* Linn.

长蒴黄麻果期植株（徐正浩摄）

分类地位： 椴树科（Tiliaceae）黄麻属（*Corchorus* Linn.）

形态学特征： 木质草本。高1~3m。叶纸质，长圆状披针形，长7~10cm，宽2~4.5cm，先端渐尖，基部圆形，基出脉5条，有侧脉7~10对，边缘有细锯齿，柄长1.5~3.5cm。花单生或数朵排成腋生聚伞花序。花序梗及花梗短。萼片长圆形，顶端有长角。花瓣与萼片等长或比萼片稍短，长圆形，基部有柄。雄蕊多数，离生。雌雄蕊柄极短，无毛。子房有毛，柱头盘状，有浅裂。蒴果长3~8cm，稍弯曲，具10条棱，顶端有1个凸起的角，5~6瓣裂开，有横隔。种子倒圆锥形，略有棱。

生物学特性： 花期夏秋季。

分布： 原产于印度。华家池校区有栽培。

4. 大麻槿 *Hibiscus cannabinus* Linn.

中文异名： 洋麻、芙蓉麻

英文名： kenaf

分类地位： 锦葵科（Malvaceae）木槿属（*Hibiscus* Linn.）

形态学特征： 一年生或多年生草本。高达3m。茎直立，无毛，疏被锐利小刺。叶异型，下部的叶心形，不分裂，上部的叶掌状3~7深裂，裂片披针形，长2~11cm，宽6~20mm，先端渐尖，基部心形至近圆形，具锯齿，主脉5~7条，柄长6~20cm。花单生于枝端叶腋，近无梗；小苞片7~10片，线形，长6~8mm，分离，疏被小刺。花萼近钟状，长2~3cm，被刺和白色茸毛，中部以下合生，裂片5片，长尾状披针形，长1~2cm，下面基部具1条大脉。花大，黄色，内面基部红色。花瓣长圆状倒卵形，长5~6cm。雄蕊柱长1.5~2cm，无毛。蒴果球形，径1~1.5cm。种子肾形。

大麻槿茎叶（徐正浩摄）

生物学特性： 花期秋季。

分布： 中国新疆、青海、甘肃、陕西、山西、河南、河北、江苏、山东、辽宁及内蒙古等地有分布。华家池校区有栽培。

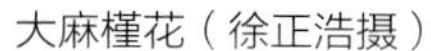

大麻槿花（徐正浩摄）

大麻槿花期植株（徐正浩摄）

5. 陆地棉　*Gossypium hirsutum* Linn.

中文异名：大陆棉

英文名：upland cotton, Mexican cotton

分类地位：锦葵科（Malvaceae）棉属（*Gossypium* Linn.）

形态学特征：一年生草本。高0.6~1.5m。小枝疏被长毛。叶阔卵形，径5~12cm，长宽近相等或较宽，基部心形或心状截形，常3浅裂，中裂片常深裂达叶片1/2，裂片宽三角状卵形，先端突渐尖，基部宽，柄长3~14cm。花单生于叶

陆地棉花（徐正浩摄）

陆地棉蒴果（徐正浩摄）

陆地棉吐絮期植株（徐正浩摄）

陆地棉植株（徐正浩摄）

腋。花梗常较叶柄略短。小苞片3片，分离，基部心形，边缘具7~9个齿，连齿长达4cm，宽达2.5cm。花萼杯状，裂片5片，三角形。花白色或淡黄色，后变淡红色或紫色，长2.5~3cm。雄蕊柱长1~1.2cm。蒴果卵圆形，长3.5~5cm，具喙，3~4室。种子分离，卵圆形，具白色长绵毛和灰白色不易剥离的短绵毛。

生物学特性：花期6—8月。

分布：原产于墨西哥。19世纪末传入中国。华家池校区、紫金港校区有栽培。

6. 海岛棉 *Gossypium barbadense* Linn.

中文异名：离核木棉、木棉、光籽棉

英文名：extra-long staple cotton

分类地位：锦葵科（Malvaceae）棉属（*Gossypium* Linn.）

形态学特征：多年生亚灌木或灌木。高2~3m。茎被毛，或除叶柄和叶背脉外近无毛。小枝暗紫色，具棱角。叶掌状3~5深裂，径7~12cm，裂片卵形或长圆形，深裂达叶片中部以下，先端长渐尖，中裂片较长，侧裂片常广展，基部心形，柄长于叶片。花顶生或腋生。花梗常短于叶柄。小苞片5片，分离，基部心形，宽卵形，长3.5~5cm，边缘具长粗齿10~15个。花萼杯状。花冠钟形，淡黄色，内面基部紫色。花瓣倒卵形，具缺刻。雄蕊柱无毛。蒴果长圆状卵形，长3~5cm，基部大，顶端急尖，常3室。种子卵形，具喙，长6~8mm，彼此离生。

生物学特性：花期6—8月。

分布：原产于南美洲热带地区和西印度群岛。华家池校区、紫金港校区有栽培。

海岛棉花期植株（徐正浩摄）

海岛棉蒴果（徐正浩摄）

7. 甘蔗 *Saccharum officinarum* Roxb.

甘蔗基部（徐正浩摄）

中文异名：秀贵甘蔗

英文名：sugarcane, sugar cane

分类地位：禾本科（Gramineae）甘蔗属（*Saccharum* Linn.）

形态学特征：多年生高大实心草本。根状茎粗壮发达。秆高3~6m，径2~5cm，具20~40个节，下部节间较短而粗大，被白粉。叶鞘长于其节间，除鞘口具柔毛外其余无毛，叶舌极短，具纤毛。叶片长达1m，宽4~6cm，中脉粗壮，白色，边缘呈锯齿状，粗糙。圆锥花序大型，长达50cm。总状花序多数轮生，稠密。小穗线状长圆形，长3.5~4mm。第1颖脊间无脉。第2颖具3条脉。第1外稃膜质，与颖近等长。第2外稃微小，无芒或退化。第2内稃披针形。

生物学特性：喜温、喜光作物，年积温需5500~8500℃。

分布：中国台湾、福建、广东、海南、广西、四川、云南等地广泛种植。华家池校区有栽培。

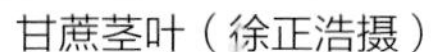

甘蔗茎叶（徐正浩摄）

甘蔗居群（徐正浩摄）

8. 甜根子草　*Saccharum spontaneum* Linn.

英文名： wild sugarcane, Kans grass

分类地位： 禾本科（Gramineae）甘蔗属（*Saccharum* Linn.）

形态学特征： 多年生草本。具发达横走的长根状茎。秆高1~2m，径4~8mm，中空，具多数节，节具短毛，节下被白色蜡粉。叶鞘较长或稍短于其节间，鞘口具柔毛。叶舌膜质，长1~2mm，褐色，顶端具纤毛。叶片线形，长30~70cm，宽4~8mm，基部变狭，无毛，灰白色，边缘呈锯齿状粗糙。圆锥花序长20~40cm。第1颖上部边缘具纤毛。第2颖中脉成脊，边缘具纤毛。第1外稃卵状披针形，等长于小穗，边缘具纤毛。第2外稃窄线形，长2~3mm。第2内稃微小。雄蕊3枚，花药长1.8~2mm。柱头紫黑色，长1.5~2mm。

生物学特性： 花果期7—8月。

分布： 中国陕西、江苏、安徽、浙江、江西、湖南、湖北、福建、台湾、广东、海南、广西、贵州、四川、云南等地有分布。印度、缅甸、泰国、越南、马来西亚、印度尼西亚、澳大利亚东部至日本，以及欧洲南部等也有分布。华家池校区有栽培。

甜根子草茎叶（徐正浩摄）

甜根子草植株（徐正浩摄）

9. 藨草　*Schoenoplectus trigueter* (Linn.) Palla

中文异名： 席草

英文名： rushes, common rush, mat rush

分类地位：莎草科（Cyperaceae）水葱属（*Schoenoplectus* (Rchb.) Palla）

形态学特征：多年生草本植物。地下茎合轴分枝。地上茎丛生，圆钝，株高60~120cm，径3~5mm，表面光滑，具光泽，鲜绿色。叶退化为针状，叶鞘发达，呈开裂筒状包裹茎秆。聚伞花序，花冠鲜黄色，花被5片，雄蕊3枚，柱头3裂。

生物学特性：每一茎秆具主芽和侧芽，主芽发育为主枝，侧芽发育为侧枝。茎秆第2节出主芽，第3节出侧芽。反复出芽，植株呈丛生状。6月地上茎秆伸长加快。花后茎秆生长缓慢，渐趋成熟、衰老和枯萎。

分布：中国广东、台湾有分布。马来西亚、印度、缅甸、印度尼西亚、日本、越南及地中海地区等也有分布。华家池校区有分布。

蔺草植株（徐正浩摄）

蔺草居群（徐正浩摄）

10. 蕉芋 *Canna edulis* Ker

中文异名：蕉藕、食用美人蕉

英文名：canna edulis

分类地位：美人蕉科（Cannaceae）美人蕉属（*Canna* Linn.）

形态学特征：根茎发达，多分枝，块状。茎粗壮，高可达3m。叶片长圆形或卵状长圆形，长30~60cm，宽10~20cm，叶面绿色，边缘或背面紫色，叶柄短。叶鞘边缘紫色。总状花序单生或分叉，少花，被蜡质粉霜，基部有阔鞘。花单生或2朵聚生，小苞片卵形，长6~8mm，淡紫色。萼片披针形，长1~1.5cm，淡绿而染紫。花冠管杏黄色，长1~1.5cm，花冠裂片杏黄而顶端染紫，披针形，长3.5~4cm，直立。外轮退化雄蕊2~3枚，倒披针形，长5~5.5cm，宽0.7~1cm，红色，基部杏黄，直立，其中1枚微凹。唇瓣披针形，长达4.5cm，卷曲，顶端2裂，上部红色，基部杏黄。发育雄蕊披针形，长达4cm，杏黄而染红，花药室长6~9mm。子房圆球形，径4~6mm，绿色，密被小疣状突起。花柱狭带形，长5~6cm，杏黄色。

蕉芋花序（徐正浩摄）

蕉芋成株（徐正浩摄）

生物学特性：花期9—10月。

分布：原产于西印度群岛和南美洲。块茎可煮食或用于提取淀粉。华家池校区、玉泉校区有分布。

蕉芋花期植株（徐正浩摄）

蕉芋果期植株（徐正浩摄）

第四章　浙大校园其他栽培作物

1. 荞麦　*Fagopyrum esculentum* Moench

中文异名：甜荞

英文名：buckwheat, common buckwheat

分类地位：蓼科（Polygonaceae）荞麦属（*Fagopyrum* Mill.）

形态学特征：一年生草本。茎直立、斜升或蔓生，株高30~90cm，上部分枝，绿色或红色，具纵棱，无毛或于一侧沿纵棱具乳头状突起。叶三角形或卵状三角形，长2.5~7cm，宽2~5cm，顶端渐尖，基部心形，两面沿叶脉具乳头状突起。下部叶具长叶柄，上部叶较小，近无柄。托叶鞘膜质，短筒状，长3~5mm，顶端偏斜，无缘毛，易破裂脱落。花序总状或伞房状，顶生或腋生，花序梗一侧具小突起。苞片卵形，长2~2.5mm，绿色，边缘膜质，每苞内具3~5朵花。花梗比苞片长，无关节。花被5深裂，白色或淡红色，花被片椭圆形，长3~4mm。雄蕊8枚，比花被短，花药淡红色。花柱3个，柱头头状。瘦果卵形，具3条锐棱，顶端渐尖，长5~6mm，暗褐色，无光泽，比宿存花被长。

生物学特性：花期5—9月，果期6—10月。

分布：原产于中亚。中国各地有栽培，有时逸为野生。华家池校区有分布。

荞麦花（徐正浩摄）

荞麦花序（徐正浩摄）

荞麦植株（徐正浩摄）

荞麦居群（徐正浩摄）

2. 萝卜 *Raphanus sativus* Linn.

中文异名：莱菔、莱菔子

英文名：radish

分类地位：十字花科（Cruciferae）萝卜属（*Raphanus* Linn.）

形态学特征：二年生或一年生草本。高20~100cm。直根肉质，长圆形、球形或圆锥形，外皮绿色、白色或红色。茎具分枝，无毛，稍具粉霜。基生叶和下部茎生叶大头羽状半裂，长8~30cm，宽3~5cm，顶裂片卵形，侧裂片4~6对，长圆形，有钝齿，疏生粗毛。上部叶长圆形，有锯齿或近全缘。总状花序顶生及腋生。花白色或粉红色，径1.5~2cm。花梗长5~15mm。萼片长圆形，长5~7mm。花瓣4片，倒卵形，长1~1.5cm，具紫纹，下部有长3~5mm的爪。长角果圆柱形，长3~6cm，宽10~12mm，种子之间缢缩，并形成海绵质横隔，顶端喙长1~1.5cm。果梗长

萝卜肉质直根（徐正浩摄）

萝卜叶（徐正浩摄）

萝卜白花（徐正浩摄）

萝卜粉红花（徐正浩摄）

萝卜成株（徐正浩摄）

萝卜植株（徐正浩摄）

1~1.5cm。种子1~6粒，卵形，微扁，长2~3mm，红棕色，有细网纹。

生物学特性：花期4—5月，果期5—6月

分布：原始种可能是欧洲、亚洲温暖海岸的野萝卜。各校区有分布。

3. 白菜 *Brassica rapa* Linn. var. *glabra* Regel

中文异名：大白菜

英文名：cabbage, Chinese cabbage

分类地位：十字花科（Cruciferae）芸薹属（*Brassica* L.）

形态学特征：二年生草本。高40~60cm，常全株无毛，有时叶背中脉上有少数刺毛。基生叶多数，大型，倒卵状长圆形至宽倒卵形，长30~60cm，宽不及长的1/2，顶端圆钝，边缘皱缩，波状，有时具不明显牙齿，中脉白色，很宽，有多数粗壮侧脉。叶柄白色，扁平，长5~9cm，宽2~8cm，边缘有具缺刻的宽薄翅。上部茎生叶长圆状卵形、长圆状披针形至长披针形，长2.5~7cm，顶端圆钝至短急尖，全缘或有裂齿，有柄或抱茎，有粉霜。花鲜黄色，径1.2~1.5cm。花梗长4~6mm。萼片长圆形或卵状披针形，长4~5mm，直立，淡绿色至黄色。花瓣4片，倒卵形，长7~8mm，基部渐窄成爪。雄蕊4枚。柱头扁平，头状。长角果较粗短，长3~6cm，宽2~3mm，两侧扁压，直立，喙长4~10mm，宽0.5~1mm，顶端圆。果梗开展或上升，长2.5~3cm，较粗。种子球形，径1~1.5mm，棕色。

生物学特性：花期5月，果期6月。

分布：原产于中国华北。各校区有分布。

白菜花序（徐正浩摄）

白菜植株（徐正浩摄）

白菜居群（徐正浩摄）

4. 塌棵菜 *Brassica rapa* Linn. var. *chinensis* (Linn.) Kitam.

中文异名：乌塌菜

英文名：broadbeaked mustard

分类地位：十字花科（Cruciferae）芸薹属（*Brassica* Linn.）

形态学特征：二年生或一年生草本。高30~40cm，全株无毛，或基生叶背偶有极疏生刺毛。根粗大，顶端有短根

塌棵菜植株（徐正浩摄）

颈。茎丛生，上部有分枝。基生叶莲座状，卵圆形或倒卵形，长10~20cm，墨绿色，有光泽，不裂或基部有1~2对不显著裂片，显著皱缩，全缘或有疏生圆齿，中脉宽，有纵条纹，侧脉扇形。叶柄白色，宽8~20mm，稍有边缘，有时具小裂片。上部叶近圆形或长圆状卵形，长4~10cm，全缘，抱茎。总状花序顶生。花淡黄色，径6~8mm。花梗长1~1.5cm。萼片长圆形，长3~4mm，顶端圆钝。花瓣倒卵形或近圆形，长5~7mm，多脉纹，有短爪。长角果长圆形，长2~4cm，宽4~5mm，扁平，果瓣具明显中脉及网状侧脉。喙宽且粗，长4~8mm。果梗粗壮，长1~1.5cm，伸展或上部弯曲。种子球形，径0.5~1mm，深棕色，有细网状窠穴，种脐显著。

生物学特性：花期3—4月，果期5月。

分布：原产于中国。多数校区有栽培。

5. 青菜 *Brassica chinensis* Linn.

中文异名：小白菜、小油菜

英文名：bok choy, caisin, celery cabbage, celery mustard, Chinese cabbage, Chinese mustard, Chinese white cabbage, mustard cabbage, pak choi

分类地位：十字花科（Cruciferae）芸薹属（*Brassica* Linn.）

形态学特征：一年生或二年生草本。高25~70cm，无毛，带粉霜。根粗，坚硬，常呈纺锤形块根，顶端常有短根颈。茎直立，有分枝。基生叶倒卵形或宽倒卵形，长20~30cm，坚实，深绿色，有光泽，基部渐狭成宽柄，全缘或有不显明圆齿或波状齿。中脉白色，宽达1.5cm，有多条纵脉。叶柄长3~5cm，有或无窄边。下部茎生叶和基生叶相

青菜上部茎叶（徐正浩摄）

青菜花（徐正浩摄）

青菜花果（徐正浩摄）

青菜植株（徐正浩摄）

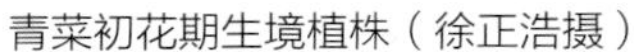

青菜初花期生境植株（徐正浩摄）

青菜居群（徐正浩摄）

似，基部渐狭成叶柄。上部茎生叶倒卵形或椭圆形，长3~7cm，宽1~3.5cm，基部抱茎，宽展，两侧有垂耳，全缘，微带粉霜。总状花序顶生，呈圆锥状。花浅黄色，长0.6~1cm，授粉后长达1.5cm。花梗细，与花等长或较短。萼片长圆形，长3~4mm，直立开展，白色或黄色。花瓣长圆形，长3~5mm，顶端圆钝，有脉纹，具宽爪。长角果线形，长2~6cm，宽3~4mm，坚硬，无毛，果瓣有明显中脉及网结侧脉，果梗长8~30mm。种子球形，径1~1.5mm，紫褐色，有蜂窝纹。

生物学特性：花期4月，果期5月。

分布：原产于中国或亚洲其他国家。各校区有分布。

6. 芸薹 *Brassica rapa* Linn. var. *oleifera* (DC.) Metzg.

中文异名：油菜、芸薹

英文名：turnip rape, field mustard, rape

分类地位：十字花科（Cruciferae）芸薹属（*Brassica* Linn.）

形态学特征：二年生草本。高30~90cm。茎粗壮，直立，分枝或不分枝，无毛或近无毛，稍带粉霜。基生叶大头羽裂，顶裂片圆形或卵形，边缘有不整齐弯缺牙齿，侧裂片1对至数对，卵形，叶柄宽，长2~6cm，基部抱茎。下部茎生叶羽状半裂，长6~10cm，基部扩展且抱茎，两面有硬毛及缘毛。上部茎生叶长圆状倒卵形、长圆形或长圆状披针形，长2.5~10cm，宽0.5~5cm，基部心形，抱茎，两侧有垂耳，全缘或有波状细齿。总状花序在花期呈伞房状，以后伸长。花鲜黄色，径7~10mm。萼片长圆形，长3~5mm，直立开展，顶端圆形，边缘透明，稍有毛。花瓣倒卵形，长7~9mm，顶端近微缺，基部有爪。长角果线形，长3~8cm，宽2~4mm，果瓣有中脉及网纹，萼直立，长

芸薹上部茎叶（徐正浩摄）

芸薹花（徐正浩摄）

芸薹苗（徐正浩摄）

芸薹花期植株（徐正浩摄）

芸薹苗期居群（徐正浩摄）

芸薹盛花期居群（徐正浩摄）

9~24mm，果梗长5~15mm。种子球形，径1~1.5mm，紫褐色。

生物学特性：花期3—4月，果期5月。

分布：原产于中国。华家池校区、紫金港校区有分布。

7. 紫菜薹 *Brassica rapa* Linn. var. *purpuraria* (L. H. Bailey) Kitamura

中文异名：红菜薹、紫菜苔、红菜苔、红菜、红油菜薹

紫菜薹上部茎叶（徐正浩摄）

紫菜薹下部茎叶（徐正浩摄）

英文名：purple stem mustard

分类地位：十字花科（Cruciferae）芸薹属（*Brassica* Linn.）

形态学特征：芸薹的栽培变种。与芸薹的主要区别在于茎、叶片、叶柄、花序轴及果瓣均带紫色，基生叶大头羽状分裂，下部茎生叶三角状卵形或披针状长圆形，上部叶略抱茎。

生物学特性：花期3—4月，果期5月。

分布：原产于中国的特产蔬菜，主要分布在长江流域一带。华家池校区、玉泉校区、西溪校区、紫金港校区有分布。

紫菜薹基部叶（徐正浩摄）

紫菜薹花（徐正浩摄）

紫菜薹花序（徐正浩摄）

紫菜薹花期植株（徐正浩摄）

紫菜薹居群（徐正浩摄）

8. 大叶芥菜 *Brassica juncea* (Linn.) Czern. et Coss. var. *foliosa* L. H. Bailey

中文异名：盖菜

英文名：leaf mustard, brown mustard, large leaf mustard

分类地位：十字花科（Cruciferae）芸薹属（*Brassica* Linn.）

形态学特征：芥菜（*Brassica juncea*（Linn.） Czern. et Coss）的变种。与芥菜的主要区别在于基生叶及茎生叶大，仅下部具裂片，边缘具波状钝齿。

大叶芥菜茎叶（徐正浩摄）

大叶芥菜叶（徐正浩摄）

大叶芥菜花期植株（徐正浩摄）

大叶芥菜植株（徐正浩摄）

生物学特性：花期4—5月，果期5—6月。

分布：玉泉校区、华家池校区、紫金港校区有分布。

9. 雪里蕻 *Brassica juncea* (Linn.) Czern. et Coss. var. *multiceps* Tsen et Lee

中文异名：紫夜雪里蕻

英文名：potherb mustard

分类地位：十字花科（Cruciferae）芸薹属（*Brassica* Linn.）

形态学特征：芥菜的栽培变种。与芥菜的主要区别在于基生叶及茎下部叶多裂，边缘皱卷，茎上部叶有齿或稍有分裂，最上部叶全缘。

雪里蕻上部茎叶（徐正浩摄）

雪里蕻茎生叶（徐正浩摄）

雪里蕻花（徐正浩摄）

雪里蕻植株（徐正浩摄）

生物学特性：植株分棵力强。花期4—5月，果期5—6月。

分布：玉泉校区、华家池校区、紫金港校区有分布。

10. 甘蓝 *Brassica oleracea* Linn. var. *capitata* Linn.

中文异名：结球甘蓝、卷心菜、包菜

英文名：cabbage

分类地位：十字花科（Cruciferae）芸薹属（*Brassica* Linn.）

形态学特征：二年生草本。被粉霜。头年生茎肉质，矮，粗壮，不分枝，绿色或灰绿色。基生叶多数，质厚，层层包裹成球状体，扁球形，径10~30cm或更大，乳白色或淡绿色。翌年生茎分枝，具茎生叶。基生叶及下部茎生叶长圆状倒卵形至圆形，长和宽达30cm，顶端圆形，基部骤窄，具极短、宽翅的叶柄，边缘有波状不明显锯齿。上部茎生叶卵形或长圆状卵形，长8~13.5cm，宽3.5~7cm，基部抱茎。最上部叶长圆形，长4~4.5cm，宽0.6~1cm，抱茎。总状花序顶生及腋生。花淡黄色，径2~2.5cm。花梗长7~15mm。萼片直立，线状长圆形，长5~7mm。花瓣宽椭圆状倒卵形或近圆形，长13~15mm，脉纹明显，顶端微缺，基部骤变窄成爪，爪长5~7mm。长角果圆柱形，长6~9cm，宽4~5mm，两侧稍扁压，中脉凸出，喙圆锥形，长6~10mm。果梗粗，直立开展，长2.5~3.5cm。种子球形，径1.5~2mm，棕色。

生物学特性：花期4月，果期5月。

分布：华家池校区、玉泉校区、紫金港校区有分布。

甘蓝植株（徐正浩摄）

甘蓝苗期植株（徐正浩摄）

11. 花椰菜 *Brassica oleracea* Linn. var. *botrytis* Linn.

中文异名：花菜、椰菜花

英文名：cauliflower

分类地位：十字花科（Cruciferae）芸薹属（*Brassica* Linn.）

形态学特征：二年生草本。高60~90cm，被粉霜。茎直立，粗壮，有分枝。基生叶及下部叶长圆形至椭圆形，长2~3.5cm，灰绿色，顶端圆形，开展，不卷心，全缘或具细牙齿，有时叶片下延，具数片小裂片，并呈翅状，柄长2~3cm。茎中上部叶较小且无柄，长圆形至披针形，抱茎。茎顶端有1个由总花梗、花梗和未发育的花芽密集成的乳白色肉质头状体。总状花序顶生及腋生。花淡黄色，后变成白色。长角果圆柱形，长3~4cm，有1条中脉，喙下部粗，上部细，长10~12mm。种子宽椭圆形，长1.5~2mm，棕色。

生物学特性：花期4月，果期5月

分布：华家池校区、玉泉校区、紫金港校区有栽培。

花椰菜成株（徐正浩摄）

花椰菜头状体植株（徐正浩摄）

12. 草莓 *Fragaria* × *ananassa* Duch.

中文异名：凤梨草莓

英文名：strawberry, strawberry plant, garden strawberry

分类地位：蔷薇科（Rosaceae）草莓属（*Fragaria* Linn.）

形态学特征：由美洲产 *Fragaria virgirniana* Duch.与*Fragaria chiloensis*（Linn.）Ehrh.杂交育成的园艺种，为八倍体植物（2n=56）。多年生草本。高10~40cm。茎低于叶或与叶近相等，密被开展黄色柔毛。3出复叶，小叶具短柄，质地较厚，倒卵形或菱形，长3~7cm，宽2~6cm，顶端圆钝，基部阔楔形。侧生小叶基部偏斜，边缘具缺刻状锯齿，锯齿急尖，叶面深绿色，几无毛，叶背淡白绿色，疏生毛，沿脉较密，柄长2~10cm，密被开展黄色柔毛。聚

草莓3出复叶（徐正浩摄）

草莓花（徐正浩摄）

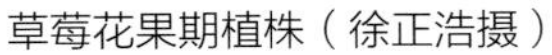

草莓花果期植株（徐正浩摄）

草莓果期植株（徐正浩摄）

伞花序具花5~15朵，花序下面具一短柄的小叶。花两性，径1.5~2cm。萼片卵形，比副萼片稍长，副萼片椭圆状披针形，全缘，稀深2裂，果期扩大。花瓣白色，近圆形或倒卵状椭圆形，基部具不显的爪。雄蕊20枚，不等长。雌蕊极多。聚合果大，径达3cm，鲜红色，宿存萼片直立，紧贴于果实。瘦果尖卵形，光滑。种子1粒，种皮膜质，子叶平凸。

生物学特性：花期4—5月，果期6—7月。

分布：原产于南美洲。紫金港校区有分布。

13. 落花生 *Arachis hypogaea* Linn.

中文异名：花生

英文名：groundnut, earthnut, peanut, earthpea

分类地位：豆科（Leguminosae）落花生属（*Arachis* Linn.）

形态学特征：一年生草本。根部具根瘤。茎直立或匍匐，长30~80cm，茎和分枝均有棱，被黄色长柔毛，后变无毛。叶常具2对小叶，柄基部抱茎，长5~10cm。小叶纸质，卵状长圆形至倒卵形，长2~4cm，宽0.5~2cm，先端钝圆形，有时微凹，具小刺尖头，基部近圆形，全缘，两面被毛，边缘具睫毛，侧脉每边8~10条，叶脉边缘互相联结成网状，叶柄长2~5mm，被黄棕色长毛。花长6~8mm。苞片2片，披针形，小苞片披针形，长3~5mm，具纵脉纹，被柔毛。萼管细，长4~6cm。花冠黄色或金黄色。旗瓣径1.5~2cm，开展，先端凹入。翼瓣与龙骨瓣分离，翼瓣长圆形或斜卵形，细长。龙骨瓣长卵圆形，内弯，先端渐狭成喙状，较翼瓣短。花柱延伸于萼管咽部之外，柱头顶生，小，疏被柔毛。荚果长2~5cm，宽1~1.5cm，膨胀，荚厚。种子宽0.5~1cm。

落花生茎叶（徐正浩摄）

落花生叶（徐正浩摄）

生物学特性：花果期6—8月。宜生长在气候温暖，生长季节较长，雨量适中的沙质土地区。

分布：原产于巴西。华家池校区有分布。

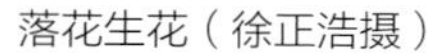

落花生花（徐正浩摄）

落花生花期植株（徐正浩摄）

14. 蚕豆 *Vicia faba* Linn.

中文异名：佛豆、竖豆、胡豆、南豆

英文名：broad bean, fava bean, faba bean, field bean, bell bean, English bean, horse bean, Windsor bean, pigeon bean, tick bean

分类地位：豆科（Leguminosae）野豌豆属（*Vicia* Linn.）

形态学特征：一年生草本。高30~150cm。主根短粗，多须根，根瘤粉红色，密集。茎粗壮，直立，径0.7~1cm，具4条棱，中空，无毛。偶数羽状复叶。叶轴顶端卷须短缩为短尖头。托叶戟形或近三角状卵形，长1~2.5cm，宽0.3~0.5cm，略有锯齿，具深紫色密腺点。小叶常1~3对，互生，上部小叶可达4~5对，基部较少。小叶椭圆形、长

蚕豆茎叶（徐正浩摄）

蚕豆花（徐正浩摄）

蚕豆果实（徐正浩摄）

蚕豆花期植株（徐正浩摄）

圆形或倒卵形，稀圆形，长4~10cm，宽1.5~4cm，先端圆钝，具短尖头，基部楔形，全缘，两面均无毛。总状花序腋生，花梗近无。花萼钟形，萼齿披针形，下萼齿较长。花2~6朵，丛状着生于叶腋。花冠白色，具紫色脉纹及黑色斑晕，长2~3.5cm。旗瓣中部缢缩，基部渐狭，翼瓣短于旗瓣，长于龙骨瓣。雄蕊二体（9枚+1枚）。子房线形无柄，胚珠2~6个，花柱密被白柔毛，顶端远轴面有一束髯毛。荚果肥厚，长5~10cm，宽2~3cm，表皮绿色被茸毛，内有白色海绵状横隔膜，熟后表皮变为黑色。种子2~6粒，矩圆形，近长方形，中间内凹，种皮革质，青绿色、灰绿色至棕褐色，稀紫色或黑色。种脐线形，黑色，位于种子一端。

生物学特性：花期4—5月，果期5—6月。

分布：原产于欧洲地中海沿岸，亚洲西南部至北非。华家池校区、玉泉校区、紫金港校区有分布。

15. 豌豆 *Pisum sativum* Linn.

中文异名：荷兰豆

英文名：pea

分类地位：豆科（Leguminosae）豌豆属（*Pisum* Linn.）

形态学特征：一年生攀缘草本。高0.5~2m。全株绿色，光滑无毛，被粉霜。叶具小叶4~6片，托叶比小叶大，叶状，心形，下缘具细牙齿。小叶卵圆形，长2~5cm，宽1~2.5cm。花单生于叶腋或数朵排列为总状花序。花萼钟状，深5裂，裂片披针形。花冠颜色多样，多为白色和紫色。雄蕊二体 （9枚+1枚） 。子房无毛，花柱扁，内面有髯毛。荚果肿胀，长椭圆形，长2.5~10cm，宽0.7~14cm，顶端斜急尖，背部近于伸直，内侧有坚硬纸质的内皮。种子2~10粒，圆形，青绿色，有皱纹或无，干后变为黄色。

豌豆白花（徐正浩摄）

豌豆紫花（徐正浩摄）

豌豆花果期植株（徐正浩摄）

豌豆果期植株（徐正浩摄）

生物学特性：花期6—7月，果期7—9月。

分布：原产于地中海和中亚细亚地区。中国中部、东北部等地有分布，主要产区有四川、河南、湖北、江苏、青海、江西等。华家池校区、玉泉校区、紫金港校区有分布。

16. 扁豆　*Lablab purpureus* (Linn.) Sweet

中文异名：鹊豆、沿篱豆、火镰扁豆

英文名：hyacinth bean, hyacinthbean, lablab-bean, bonavist bean/pea, dolichos bean, seim bean, lablab bean, Egyptian kidney bean, Indian bean, bataw and Australian pea

扁豆叶（徐正浩摄）

分类地位：豆科（Leguminosae）扁豆属（*Lablab* Adans.）

形态学特征：多年生缠绕藤本。全株几无毛。茎长可达6m，常呈淡紫色。羽状复叶具3片小叶。托叶基着，披针形。小托叶线形，长3~4mm。小叶宽三角状卵形，长6~10cm，宽与长近相等，侧生小叶两边不等大，偏斜，先端急尖或渐尖，基部近截平。总状花序直立，长15~25cm，花序轴粗壮，总花梗长8~14cm。小苞片2片，近圆形，长2~3mm，脱落。花2朵至多朵簇生于每一节上。花萼钟状，长5~6mm，上方2裂齿几完全合生，下方

扁豆花（徐正浩摄）

扁豆荚果（徐正浩摄）

扁豆花果期植株（徐正浩摄）

扁豆居群（徐正浩摄）

的3个近相等。花冠白色或紫色。旗瓣圆形，基部两侧具2个长而直立的小附属体，附属体下有2个耳，翼瓣宽倒卵形，具截平的耳，龙骨瓣呈直角弯曲，基部渐狭成瓣柄。子房线形，无毛，花柱比子房长，弯曲不逾90°，一侧扁平，近顶部内缘被毛。荚果长圆状镰形，长5~7cm，近顶端最阔，宽1.5~2cm，扁平，直或稍向背弯曲，顶端有弯曲的尖喙，基部渐狭。种子3~5粒，扁平，长椭圆形，种脐线形。

生物学特性：花期4—12月。

分布：可能原产于印度。华家池校区、玉泉校区、紫金港校区有分布。

17. 菜豆 *Phaseolus vulgaris* Linn.

中文异名：四季豆

英文名：common bean, string bean, field bean, flageolet bean, French bean, garden bean, green bean, haricot bean, pop bean, snap bean, snap

分类地位：豆科（Leguminosae）菜豆属（*Phaseolus* Linn.）

形态学特征：一年生缠绕或近直立草本。茎被短柔毛或老时无毛。羽状复叶具3片小叶。托叶披针形，长3~4mm，基着。小叶宽卵形或卵状菱形，侧生的偏斜，长4~16cm，宽2.5~11cm，先端长渐尖，有细尖，基部圆形或宽楔形，全缘，被短柔毛。总状花序比叶短，有数朵生于花序顶部的花。花梗长5~8mm。小苞片卵形，有数条隆起的脉，与花萼近等长或比花萼稍长，宿存。花萼杯状，长3~4mm，上方的2片裂片连合成一微凹的裂片。花冠白色、黄色、紫堇色或红色。旗瓣近方形，宽9~12mm，翼瓣倒卵形，龙骨瓣长0.6~1cm，先端旋卷。子房被短柔毛，花柱扁压。荚果带形，稍弯曲，长10~15cm，宽1~1.5cm，略肿胀，常无毛，顶有喙。种子4~6粒，长椭圆形或肾形，长0.9~2cm，宽0.3~1.2cm，白色、褐色、蓝色或有花斑，种脐常白色。

生物学特性：花期5—8月，果期6—10月。

分布：原产于美洲。华家池校区、玉泉校区、紫金港校区有分布。

菜豆叶（徐正浩摄）

菜豆花（徐正浩摄）

菜豆花枝（徐正浩摄）

菜豆花果（徐正浩摄）

菜豆荚果（徐正浩摄）

菜豆果期植株（徐正浩摄）

18. 赤小豆　*Vigna umbellata* (Thunb.) Ohwi et Ohashi

中文异名：赤小豆、米豆、饭豆

英文名：ricebean , rice bean

赤小豆叶（徐正浩摄）

赤小豆花果（徐正浩摄）

赤小豆花果期植株（徐正浩摄）

赤小豆花（徐正浩摄）

赤小豆荚果（徐正浩摄）

分类地位：豆科（Leguminosae）豇豆属（*Vigna* Savi）

形态学特征：一年生草本。茎纤细，长达1m或以上，幼时被黄色长柔毛，老时无毛。羽状复叶具3片小叶。托叶盾状着生，披针形或卵状披针形，长10~15mm，两端渐尖。小托叶钻形。小叶纸质，卵形或披针形，长10~13cm，宽2~7.5cm，先端急尖，基部宽楔形或钝，全缘或微3裂，沿两面脉上薄被疏毛，有基出脉3条。总状花序腋生，短，有花2~3朵。苞片披针形。花梗短，着生处有腺体。花黄色，长1.5~1.8cm，宽1~1.2cm。龙骨瓣右侧具长角状附属体。荚果线状圆柱形，下垂，长6~10cm，宽3~5mm，无毛。种子6~10粒，长椭圆形，通常暗红色，有时为褐色、黑色或草黄色，径3~3.5mm，种脐凹陷。

生物学特性：花果期5—9月。

分布：原产于亚洲热带地区。华家池校区、玉泉校区有分布。

19. 豇豆 *Vigna unguiculata* (Linn.) Walp.

豇豆花果期植株（徐正浩摄）

中文异名：长豇豆

英文名：cowpea, southern pea

分类地位：豆科（Leguminosae）豇豆属（*Vigna* Savi）

形态学特征：一年生缠绕草质藤本或近直立草本，有时顶端呈缠绕状。茎近无毛。羽状复叶具3片小叶。托叶披针形，长0.6~1cm，着生处下延成1个短距，有线纹。小叶卵状菱形，长5~15cm，宽4~6cm，先端急尖，边全缘或近全缘，有时淡紫色，无毛。总状花序腋生，具长梗。花2~6朵聚生于花序的顶端，花梗间常有肉质蜜腺。花萼浅绿色，钟状，长6~10mm，裂齿披针形。花冠黄白色而略带青紫，长1.5~2cm，各瓣均具瓣柄。旗瓣扁圆形，宽1.5~2cm，顶端微凹，基部稍有耳，翼瓣略呈三角形，龙骨瓣稍弯。子房线形，被毛。荚果下垂，直立或斜展，线形，长7.5~70cm，宽6~10mm，稍肉质而膨胀或坚实，有种子多粒。种子长椭圆形、圆柱形或稍肾形，长6~12mm，黄白色、暗红色或其他颜色。

生物学特性：花果期5—10月。

分布：原产于亚洲东部。华家池校区、玉泉校区、紫金港校区有分布。

豇豆叶（徐正浩摄）

豇豆花（徐正浩摄）

豇豆荚果（徐正浩摄）

豇豆果期植株（徐正浩摄）

20. 绿豆 *Vigna radiata* (Linn.) R. Wilczak

英文名： mung bean, moong bean, green gram, mung

分类地位： 豆科（Leguminosae）豇豆属（*Vigna* Savi）

形态学特征： 一年生直立草本。高20~60cm。茎被褐色长硬毛。羽状复叶具3片小叶。托叶盾状着生，卵形，长0.8~1.2cm，具缘毛。小托叶显著，披针形。小叶卵形，长5~16cm，宽3~12cm，侧生的多少偏斜，全缘，先端渐尖，基部阔楔形或浑圆，两面多少被疏长毛，基部3条脉明显，柄长5~21cm。叶轴长1.5~4cm。小叶柄长3~6mm。总状花序腋生，有花4朵至数朵，最多可达25朵。总花梗长2.5~9.5cm。花梗长2~3mm。小苞片线状披针形或长圆形，长4~7mm，近宿存。萼管无毛，长3~4mm，裂片狭三角形，长1.5~4mm，具缘毛，上方的1对合生成一先端2裂的裂片。旗瓣近方形，长1~1.2cm，宽1.2~1.6cm，外面黄绿色，里面有时粉红，顶端微凹，内弯，无毛。翼瓣卵形，黄色。龙骨瓣镰刀状，绿色而染粉红，右侧有显著的囊。荚果线状圆柱形，平展，长4~9cm，宽5~6mm，被淡褐色、散生的长硬毛。种子间多少收缩。种子8~14粒，淡绿色或黄褐色，短圆柱形，长2.5~4mm，宽2.5~3mm，种脐白色而不凹陷。

生物学特性： 花期5—6月，果期6—8月。

分布： 世界热带、亚热带地区广泛栽培。华家池校区、玉泉校区有分布。

绿豆花（徐正浩摄）

绿豆荚果（徐正浩摄）

绿豆花果期植株（徐正浩摄）

绿豆果期植株（徐正浩摄）

21. 赤豆 *Vigna angularis* (Willd.) Ohwi et Ohashi

中文异名： 红豆

英文名： small red bean

分类地位： 豆科（Leguminosae）豇豆属（*Vigna* Savi）

形态学特征： 一年生直立或缠绕草本。高30~90cm，植株被疏长毛。羽状复叶具3片小叶。托叶盾状着生，箭头形，长0.9~1.7cm。小叶卵形至菱状卵形，长5~10cm，宽5~8cm，先端宽三角形或近圆形，侧生的偏斜，全缘或浅3裂，两面均稍被疏长毛。花黄色，5~6朵生于短的总花梗顶端。花梗极短。小苞片披针形，长6~8mm。花萼钟状，长3~4mm。花冠长7~9mm。旗瓣扁圆形或近肾形，常稍歪斜，顶端凹，翼瓣比龙骨瓣宽，具短瓣柄及耳，龙骨瓣顶端弯曲近半圈，其中1片的中下部有1个角状突起，基部有瓣柄。子房线形，花柱弯曲，近先端有毛。荚果圆柱状，长5~8cm，宽5~6mm，平展或下弯，无毛。种子通常暗红色或其他颜色，长圆形，长5~6mm，宽4~5mm，两头截平或近浑圆，种脐不凹陷。

生物学特性：花期夏季，果期9—10月。

分布：原产于亚洲热带地区。玉泉校区、华家池校区有分布。

赤豆花（徐正浩摄）

赤豆荚果（徐正浩摄）

赤豆花果期植株（徐正浩摄）

赤豆果期植株（徐正浩摄）

22. 大豆 *Glycine max* (Linn.) Merr.

大豆花（徐正浩摄）

中文异名：菽、黄豆、毛豆

英文名：soybean, soya bean

分类地位：豆科（Leguminosae）大豆属（*Glycine* Willd.）

形态学特征：一年生草本。高30~90cm。茎粗壮，直立，或上部近缠绕状，上部多少具棱，密被褐色长硬毛。叶通常具3片小叶。托叶宽卵形，渐尖，长3~7mm，具脉纹，被黄色柔毛。叶柄长2~20cm，幼嫩时散生疏柔毛或具棱并被长硬毛。小叶纸质，宽卵形，近圆形或椭圆状披针形，顶生1片较大，长5~12cm，宽2.5~8cm，先端渐尖或近圆形，稀有钝形，具小凸尖，基部宽楔形或圆形，侧生小叶较小，斜卵形，通常两面散生糙毛或叶背无毛，侧脉每边5条。小托叶披针形，长1~2mm。小叶柄长1.5~4mm，被黄褐色长硬毛。短总状花序具少数花，长总状花序具多数花。总花梗长10~35mm或更长，通常有5~8朵无柄、紧挤的花。植株下部的花单生或成对生于叶腋间。苞片披针形，长2~3mm，被糙伏毛。小苞片披针形，长2~3mm，被伏贴的刚毛。花萼长4~6mm，密被长硬毛或糙伏毛，常深裂成二唇形，裂片5片，披针形，上部2片裂片常合生至中部以上，下部3片裂片分离，均密被白色长柔毛。花紫色、淡紫色或白色，长4.5~10mm，旗瓣倒卵状近圆形，先端微凹并通常外反，基部具瓣柄，翼瓣篦状，基部狭，具瓣柄和耳，龙骨瓣斜倒卵形，具短瓣柄。雄蕊二体。子房基部有不发达的腺体，被毛。荚果肥大，长圆形，稍弯，下垂，黄绿色，长4~7.5cm，宽8~15mm，密被褐黄色长毛。种子2~5粒，椭圆形、近球形、卵圆形至长圆形，长0.7~1cm，宽5~8mm，种皮光滑，种脐明显，椭圆形。

生物学特性：花期6—7月，果期7—9月。

分布：原产于中国。华家池校区、玉泉校区、紫金港校区有分布。

大豆果期植株（徐正浩摄）

大豆花期植株（徐正浩摄）

大豆荚果（徐正浩摄）

23. 咖啡黄葵 *Abelmoschus esculentus* (Linn.) Moench

中文异名：秋葵、黄秋葵、羊角豆、越南芝麻

英文名：okra, okro, ladies' fingers, ochro, gumbo

分类地位：锦葵科（Malvaceae）秋葵属（*Abelmoschus* Medicus）

形态学特征：一年生草本。高1~2m。茎圆柱形，疏生散刺。叶掌状3~7裂，径10~30cm，裂片阔至狭，边缘具粗齿及凹缺，两面均被疏硬毛，叶柄长7~15cm，被长硬毛。托叶线形，长7~10mm，被疏硬毛。花单生于叶腋间，花梗长1~2cm，疏被糙硬毛。小苞片8~10片，线形，长1~1.5cm，疏被硬毛。花萼钟形，长于小苞片，密被星状短茸毛。花黄色，内面基部紫色，径5~7cm，花

咖啡黄葵花（徐正浩摄）

咖啡黄葵果实（徐正浩摄）

瓣倒卵形，长4~5cm。蒴果筒状尖塔形，长10~25cm，径1.5~2cm，顶端具长喙，疏被糙硬毛。种子球形，多数，径4~5mm，具毛脉纹。

生物学特性：花期7—9月，果期9—10月。

分布：原产于印度。华家池校区、玉泉校区、紫金港校区有分布。

咖啡黄葵花果期植株（徐正浩摄）

咖啡黄葵植株（徐正浩摄）

24. 胡萝卜 *Daucus carota* Linn. var. *sativa* Hoffm.

英文名：carrot

分类地位：伞形科（Umbelliferae）胡萝卜属（*Daucus* Linn.）

形态学特征：二年生草本。高15~120cm。根肉质，长圆锥形，粗肥，呈红色或黄色。茎单生，全体有白色粗硬毛。基生叶薄膜质，长圆形，2~3回羽状全裂。末回裂片线形或披针形，长2~15mm，宽0.5~4mm，顶端锐尖，有小尖头，光滑或有糙硬毛，叶柄长3~12cm。茎生叶近无柄，有叶鞘，末回裂片小或细长。复伞形花序，花序梗长10~55cm，有糙硬毛。总苞有多数苞片，呈叶状，羽状分裂，少有不裂的，裂片线形，长3~30mm。伞辐多数，长

胡萝卜花（徐正浩摄）

胡萝卜花期植株（徐正浩摄）

2~7.5cm，结果期外缘的伞辐向内弯曲。小总苞片5~7片，线形，不分裂或2~3裂，边缘膜质，具纤毛。花通常白色，有时带淡红色。花柄不等长，长3~10mm。果实卵圆形，长3~4mm，宽1~2mm，棱上有白色刺毛。

生物学特性：花期5—6月，果期6—7月。

分布：原产于欧洲、亚洲及北非。华家池校区、玉泉校区、紫金港校区有分布。

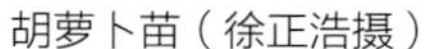

胡萝卜苗（徐正浩摄）

胡萝卜植株（徐正浩摄）

25. 旱芹　*Apium graveolens* Linn.

中文异名：芹菜、药芹

英文名：celery, smallage

分类地位：伞形科（Umbelliferae）芹属（*Apium* Linn.）

形态学特征：二年生或多年生草本。高15~150cm，有强烈香气。根圆锥形，支根多数，褐色。茎直立，光滑，有少数分枝，并有棱角和直槽。基生叶柄长2~16cm，基部略扩大成膜质叶鞘，叶片轮廓为长圆形至倒卵形，长7~18cm，宽3.5~8cm，常3裂，裂深达中部，或3全裂，裂片近菱形，边缘有圆锯齿或锯齿，叶脉两面隆起。上部茎生叶有短柄，叶片轮廓为阔三角形，通常分裂为3片小叶，小叶倒卵形，中部以上边缘疏生钝锯齿或呈缺刻状。复伞形花序顶生或与叶对生，花序梗长短不一，有时缺少，通常无总苞片和小总苞片。伞辐细弱，3~16个，长0.5~2.5cm。小伞形花序有花10~30朵，花柄长1~1.5mm。萼齿小或不明显。花瓣白色或黄绿色，卵圆形，长0.5~1mm，宽0.6~0.8mm，顶端有内折的小舌片。花丝与花瓣等长或比花瓣稍长，花药卵圆形，长0.2~0.4mm。花柱基扁压，花柱幼时极短，熟时长0.1~0.2mm，向外反曲。分生果圆形或长椭圆形，长1~1.5mm，宽1.5~2mm，果棱尖锐，合生面略收缩。每棱槽内有油管1条，合生面油管2条，胚乳腹面平直。

旱芹基生叶（徐正浩摄）

旱芹花（徐正浩摄）

生物学特性：花期4—7月。

分布：欧洲、亚洲、非洲及美洲均有分布。华家池校区、玉泉校区、紫金港校区有分布。

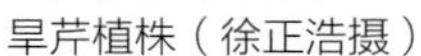

旱芹植株（徐正浩摄）

旱芹居群（徐正浩摄）

26. 番薯 *Ipomoea batatas* (Linn.) Lam.

中文异名：薯、甘薯、红薯、地瓜

英文名：sweet potato

分类地位：旋花科（Convolvulaceae）番薯属（*Ipomoea* Linn.）

番薯茎（徐正浩摄）

番薯花（徐正浩摄）

番薯块根（徐正浩摄）

番薯花期植株（徐正浩摄）

形态学特征：一年生草本。地下块根圆形、椭圆形或纺锤形。茎平卧或上升，偶有缠绕，多分枝，圆柱形或具棱，节易生不定根。叶常为宽卵形，长4~13cm，宽3~13cm，全缘或3~7裂，裂片宽卵形、三角状卵形或线状披针形，基部心形或近于平截，顶端渐尖，柄长2.5~20cm。聚伞花序腋生，有1~7朵花聚集成伞形，花序梗长2~10.5cm。花梗长2~10mm。萼片长圆形或椭圆形，外萼片长7~10mm，内萼片长8~11mm。花冠粉红色、白色、淡紫色或紫色，钟状或漏斗状，长3~4cm。雄蕊及花柱内藏，花丝基部被毛。子房2~4室。蒴果卵形或扁圆形，有假隔膜将其分为4室。种子1~4粒，通常2粒，无毛。

生物学特性：番薯属于异花授粉，自花授粉常不结实，所以有时只见开花不见结果。

分布：原产于热带美洲中部。华家池校区、玉泉校区有分布。

27. 辣椒　*Capsicum annuum* Linn.

中文异名：长辣椒、牛角椒

英文名：chilli, cayenne pepper, hot pepper

分类地位：茄科（Solanaceae）辣椒属（*Capsicum* Linn.）

形态学特征：常一年生。植株高40~80cm。茎直立，上部多分枝。叶互生，矩圆状卵形、卵形或卵状披针形，长4~10cm，宽1.5~4cm，全缘，先端短渐尖或急尖，基部狭楔形，柄长4~7cm。花单生，俯垂。花萼杯状，不显著5个齿。花冠5~6裂，白色，裂片卵形。花药灰紫色。果梗较粗壮，俯垂。果实长指状，顶端渐尖且常弯曲，未成熟时绿色，成熟后呈红色、橙色或紫红色，味辣。种子扁肾形，长3~5mm，淡黄色。

生物学特性：花果期5—11月。

分布：原产于墨西哥至哥伦比亚。多数校区有分布。

辣椒花（徐正浩摄）

辣椒果实（徐正浩摄）

辣椒花果期植株（徐正浩摄）

28. 朝天椒　*Capsicum annuum* Linn. var. *conoides* (Mill.) Irish

中文异名：小辣椒、望天椒、五色椒（观赏类）

英文名：pod pepper, facing heaven pepper, suitable red pepper

分类地位：茄科（Solanaceae）辣椒属（*Capsicum* Linn.）

形态学特征：辣椒的变种。与辣椒的主要区别在于果梗和果实直立，果较小。常一年生。植物体多二歧分枝。叶长4~7cm，卵形。花常单生于二分叉间，花稍俯垂，花冠白色或带紫色。果梗及果实均直立，果实较小，圆锥状，长1.5~3cm，成熟后红色或紫色，味极辣。

生物学特性：花果期5—11月。

分布：多数校区有分布。

朝天椒花（徐正浩摄）

观赏型朝天椒花（徐正浩摄）

观赏型朝天椒果实（徐正浩摄）

朝天椒果期植株（徐正浩摄）

观赏型朝天椒果期植株（徐正浩摄）

长果型朝天椒果期植株（徐正浩摄）

29. 阳芋 *Solanum tuberosum* Linn.

中文异名：马铃薯、洋芋、土豆

英文名：potato, murphy

分类地位：茄科（Solanaceae）茄属（*Solanum* Linn.）

形态学特征：草本。高30~80cm，无毛或被疏柔毛。地下茎块状，扁圆形或长圆形，径3~10cm，外皮白色、淡红色或紫色。奇数羽状复叶，小叶常大小相间，长10~20cm，柄长2.5~5cm。小叶6~8对，卵形至长圆形，最长达6cm，宽达3.2cm，最小者长宽均不及1cm，先端尖，基部稍不相等，全缘，两面均被白色疏柔毛，侧脉每边6~7条，先端略弯，小叶柄长1~8mm。伞房花序顶生，后侧生，花白色或蓝紫色。萼钟形，径0.6~1cm，外面被疏柔毛，5裂，裂片披针形，先端长渐尖。花冠辐射状，径2.5~3cm，花冠筒隐于萼内，长1~2mm，冠檐长1~1.5cm，裂片5片，三角形，长3~5mm。雄蕊长4~6mm，花药长为花丝长度的5倍。子房卵圆形，无毛，花柱长6~8mm，柱头头状。浆果圆球状，光滑，径1~1.5cm。

阳芋茎叶（徐正浩摄）

生物学特性：花期夏季。

分布：原产于南美洲。华家池校区、玉泉校区有分布。

阳芋白花（徐正浩摄）

阳芋蓝紫花（徐正浩摄）

阳芋花期植株（徐正浩摄）

阳芋居群（徐正浩摄）

30. 茄 *Solanum melongena* Linn.

中文异名：茄子

英文名：eggplant, aubergine

分类地位：茄科（Solanaceae）茄属（*Solanum* Linn.）

形态学特征：直立分枝草本至亚灌木。高可达1m。植株体被星状毛。茎多分枝。叶卵形至长圆状卵形，长8~18cm或更长，宽5~11cm或更宽，先端钝，基部不相等，边缘浅波状或深波状圆裂，侧脉每边4~5条，柄长2~5cm。能孕花单生，花柄长1~2cm，花后常下垂。不孕花蝎尾状。萼近钟形，径2~2.5cm或稍大，萼裂片披针形，先端锐尖。花冠辐射状，花冠筒长1~2mm，冠檐长2~2.5cm，裂片三角形，长0.6~1cm。花丝长2~2.5mm，花药长5~7.5mm。子房圆形，花柱长4~7mm，柱头浅裂。果形状大小变异极大。

生物学特性：花果期5—9月。

分布：原产于亚洲热带地区。多数校区有分布。

茄花（徐正浩摄）

茄花果期植株（徐正浩摄）

31. 番茄 *Lycopersicon esculentum* Mill.

中文异名：西红柿

英文名：tomato

分类地位：茄科（Solanaceae）番茄属（*Lycopersicon* Mill.）

番茄叶（徐正浩摄）

番茄花（徐正浩摄）

形态学特征：株高0.6~2m，全体被腺毛。茎直立或平卧。羽状复叶或羽状深裂叶，长10~40cm。小叶极不规则，大小不等，常5~9片，卵形或矩圆形，长5~7cm，边缘有不规则锯齿或裂片。花序总梗长2~5cm，常3~7朵花。花梗长1~1.5cm。花萼辐射状，裂片披针形，果期宿存。花冠辐射状，径1.5~2cm，黄色。浆果扁球状或近球状，橘黄色或鲜红色，光滑。

生物学特性：花期4—9月，果期5—10月。

分布：原产于南美洲。多数校区有分布。

番茄果实

番茄花期植株（徐正浩摄）

32. 烟草　*Nicotiana tabacum* Linn.

中文异名：烟叶

英文名：tobacco

分类地位：茄科（Solanaceae）烟草属（*Nicotiana* Linn.）

形态学特征：一年生草本。全体被腺毛。茎直立，高0.7~2m，基部稍木质化。叶矩圆状披针形、披针形、矩圆形或卵形，长10~70cm，宽8~30cm，顶端渐尖，基部渐狭，或耳状而半抱茎，柄不明显或为翅状柄。花序顶生，圆锥状，多花。花梗长5~20mm。花萼筒状或筒状钟形，长20~25mm，裂片三角状披针形，长短不等。花冠漏斗状，淡红色，筒部色更淡，稍弓曲，长3.5~5cm，檐部宽1~1.5cm，裂片急尖。雄蕊5枚，内藏，其中1枚显著比其余4枚短。花丝细，长3~4cm。蒴果卵状或矩圆状，径1~1.5cm。种子圆形或宽矩圆形，黄褐色。

生物学特性：花期5—10月，果期6—11月。

分布：原产于南美洲。华家池校区、紫金港校区有分布。

烟草植株（徐正浩摄）

33. 芝麻　*Sesamum indicum* Linn.

中文异名：胡麻

英文名：sesame, sesame seed, gingeli, gingili

分类地位：胡麻科（Pedaliaceae）胡麻属（*Sesamum* Linn.）

形态学特征：一年生直立草本。高60~150cm。茎分枝或不分枝，中空或具有白色髓部，微有毛。叶矩圆形或卵

芝麻茎（徐正浩摄）

形，长3~10cm，宽2.5~4cm，下部叶常掌状3裂，中部叶有齿缺，上部叶近全缘，柄长1~5cm。花单生或2~3朵同生于叶腋。花萼裂片披针形，长5~8mm，宽1.6~3.5mm，被柔毛。花冠长2.5~3cm，筒状，径1~1.5cm，长2~3.5cm，白色而常有紫红色或黄色的彩晕。雄蕊4枚，内藏。子房上位，4室，被柔毛。蒴果矩圆形，长2~3cm，径6~12mm，有纵棱，直立，被毛，分裂至中部或至基部。种子有黑白之分。

生物学特性：花果期6—7月。

分布：原产于印度。华家池校区有分布。

芝麻叶（徐正浩摄）

芝麻花（徐正浩摄）

芝麻花果期植株（徐正浩摄）

芝麻居群（徐正浩摄）

34. 苦瓜 *Momordica charantia* Linn.

中文异名：凉瓜

英文名：bitter melon, bitter gourd, bitter squash, balsam-pear

分类地位：葫芦科（Cucurbitaceae）苦瓜属（*Momordica* Linn.）

形态学特征：一年生攀缘状柔弱草本。茎多分枝，茎、枝被柔毛。卷须纤细，长达20cm，具微柔毛，不分歧。叶柄细，初时被白色柔毛，后变近无毛，长4~6cm。叶片轮廓卵状肾形或近圆形，膜质，长、宽均为4~12cm，叶面绿色，叶背淡绿色，5~7深裂，裂片卵状长圆形，边缘具粗齿或有不规则小裂片，先端多半钝圆形，稀急尖，基部弯缺半圆形，叶脉掌状。雌雄同株。雄花单生于叶腋，花梗纤细，被微柔毛，长3~7cm，花萼裂片卵状披针形，长4~6mm，宽2~3mm，急尖，花冠黄色，裂片倒卵形，先端钝，急尖或微凹，长1.5~2cm，宽0.8~1.2cm，雄蕊3枚，离生。雌花单生，长10~12cm，子房纺锤形，密生瘤状突起，柱头3个，2裂。果实纺锤形或圆柱形，多有瘤状突起，长10~20cm，成熟后橙黄色。种子多数，长圆形，具红色假种皮，长1.5~2cm，宽1~1.5cm。

生物学特性：花果期5—10月。

分布：广布于世界热带和亚温带地区。华家池校区、玉泉校区、紫金港校区有分布。

苦瓜茎叶（徐正浩摄）

苦瓜叶（徐正浩摄）

苦瓜花（徐正浩摄）

苦瓜果期植株（徐正浩摄）

35. 丝瓜　*Luffa aegyptiaca* Mill.

英文名：sponge gourd, Egyptian cucumber, Vietnamese luffa

分类地位：葫芦科（Cucurbitaceae）丝瓜属（*Luffa* Mill.）

形态学特征：一年生攀缘藤本。茎、枝粗糙，有棱沟，被微柔毛。卷须稍粗壮，被短柔毛，通常二歧至四歧。叶柄粗糙，长10~12cm，具不明显的沟，近无毛。叶片三角形或近圆形，长、宽均为10~20cm，通常掌状5~7裂，裂片三角形，中间的较长，长8~12cm，顶端急尖或渐尖，边缘有锯齿，基部深心形，弯缺深2~3cm，宽2~2.5cm，叶面深绿色，粗糙，有疣点，叶背浅绿

丝瓜果期植株（徐正浩摄）

色，有短柔毛，脉掌状，具白色的短柔毛。雌雄同株。雄花通常15~20朵生于总状花序上部，花序梗稍粗壮，长12~14cm，花梗长1~2cm，花萼筒宽钟形，径0.5~0.9cm，裂片卵状披针形或近三角形，长0.8~1.5cm，宽0.4~0.7cm，花冠黄色，辐射状，径5~9cm，裂片长圆形，长2~4cm，宽2~2.8cm，雄蕊常5枚，花丝长6~8mm。雌花单生，花梗长2~10cm，子房长圆柱状，柱头3个。果实圆柱状，直或稍弯，长15~30cm，径5~8cm，表面平滑，通常有深色纵条纹。种子多数，黑色，卵形，扁，平滑，边缘狭翼状。

生物学特性：花果期夏秋季。

分布：广泛栽培于世界温带、热带地区。各校区有分布。

36. 广东丝瓜 *Luffa acutangula* (Linn.) Roxb.

中文异名：棱角丝瓜

英文名：angled luffa, Chinese okra, dish cloth gourd, ridged gourd, sponge gourd, vegetable gourd, strainer vine, ribbed loofah, silky gourd, ridged gourd, silk gourd, luffa angled loofah or sinkwa towelsponge

分类地位：葫芦科（Cucurbitaceae）丝瓜属（*Luffa* Mill.）

形态学特征：一年生草质攀缘藤本。茎稍粗壮，具明显的棱角。卷须粗壮，下部具棱，常三歧。叶柄粗壮，长8~12cm。叶近圆形，膜质，长、宽均为15~20cm，常5~7浅裂，中间裂片宽三角形，稍长，其余的裂片不等大，基部裂片最小，顶端急尖或渐尖，边缘疏生锯齿，基部弯缺近圆形。雌雄同株。雄花17~20朵组成总状花序，生于总梗顶端，总花梗长10~15cm，花梗长1~4cm，花萼筒钟形，长0.5~0.8cm，径0.6~1cm，裂片披针形，长0.4~0.6cm，宽0.2~0.3cm，顶端渐尖，具1条脉，花冠黄色，辐射状，裂片倒心形，长1.5~2.5cm，宽1~2cm，顶端凹陷，外面具3条隆起脉，雄蕊3枚，离生，花丝长4~5mm，花药有短柔毛。雌花单生，与雄花序生于同一叶腋，子房棍棒状，具10条纵棱，花柱粗而短，柱头3个，2裂。果实圆柱状或棍棒状，具8~10条纵向的锐棱和沟，无瘤状突起，长15~30cm，径6~10cm。种子卵形，黑色，有网状纹饰，长11~12mm，宽7~8mm。

生物学特性：花果期夏秋季。

分布：原产于热带地区。多数校区有分布。

广东丝瓜果实（徐正浩摄）

广东丝瓜叶（徐正浩摄）

广东丝瓜花（徐正浩摄）

广东丝瓜花果期植株（徐正浩摄）

37. 冬瓜 *Benincasa hispida* (Thunb.) Cogn.

冬瓜花（徐正浩摄）

冬瓜果期植株（徐正浩摄）

英文名： wax gourd, ash gourd, white gourd, white pumpkin

分类地位： 葫芦科（Cucurbitaceae）冬瓜属（*Benincasa* Savi）

形态学特征： 一年生蔓生草本。茎被黄褐色硬毛及长柔毛，有棱沟。叶柄粗壮，长5~20cm，被黄褐色的硬毛和长柔毛。叶肾状近圆形，宽15~30cm，5~7浅裂或有时中裂，裂片宽三角形或卵形，先端急尖，边缘有小齿，基部深心形，叶面深绿色，稍粗糙，有疏柔毛，老后渐脱落，变近无毛，叶背粗糙，灰白色，有粗硬毛，叶脉在叶背稍隆起，密被毛。卷须二歧或三歧，被粗硬毛和长柔毛。雌雄同株。花单生。雄花梗长5~15cm，苞片卵形或宽长圆形，长6~10mm，花萼筒宽钟形，宽12~15mm，花冠黄色，辐射状，裂片宽倒卵形，长3~6cm，宽2.5~3.5cm，具5条脉，雄蕊3枚，离生，花丝长2~3mm，花药长5mm，宽7~10mm。雌花梗长不及5cm，子房卵形或圆筒形，长2~4cm，花柱长2~3mm，柱头3个，长12~15mm，2裂。果实长圆柱状或近球状，大型，有硬毛和白霜，长25~60cm，径10~25cm。种子卵形，白色或淡黄色，扁压，有边缘，长10~11mm，宽5~7mm。

生物学特性： 花果期夏秋季。

分布： 中国各地栽培。紫金港校区、华家池校区、玉泉校区有分布。

38. 西瓜 *Citrullus lanatus* (Thunb.) Matsumura et Nakai

英文名： watermelon

分类地位： 葫芦科（Cucurbitaceae）西瓜属（*Citrullus* Schrad.）

形态学特征： 一年生蔓生藤本。茎、枝粗壮，具明显的棱沟，被长而密的白色或淡黄褐色长柔毛。卷须二歧或三歧。叶柄粗，长3~12cm，径0.2~0.4cm。叶纸质，轮廓三角状卵形，长8~20cm，宽5~15cm，3深裂，中裂片较长，倒卵形、长圆状披针形或披针形，顶端急尖或渐尖，裂片羽状浅裂或深裂，边缘波状或有疏齿，末次裂片具少数浅锯齿，先端钝圆，叶片基部心形，有时形成半圆形的弯缺。雌雄同株。雌、雄花均单生于叶腋。雄花梗长3~4cm，花萼筒宽钟形，萼裂片狭披针形，与花萼筒近等长，长2~3mm，花冠淡黄色，径2.5~3cm，裂片卵状长圆形，长1~1.5cm，宽0.5~0.8cm，雄蕊3枚，近离生，花丝短，药室折曲。雌花的花萼和花冠与雄花的同，子房卵形，长0.5~0.8cm，宽0.4cm，花柱长4~5mm，柱头3个，肾形。果实大型，近于球形或椭圆形，色泽及

西瓜叶（徐正浩摄）

西瓜花期植株（徐正浩摄）

西瓜果期植株（徐正浩摄）

纹饰各式。种子多数，卵形，长1~1.5cm，宽0.5~0.8cm，黑色、红色，两面平滑，基部钝圆，常边缘拱起。

生物学特性：花果期夏季。

分布：原产于非洲。华家池校区、紫金港校区有分布。

39. 黄瓜 *Cucumis sativus* Linn.

中文异名：胡瓜

英文名：cucumber

分类地位：葫芦科（Cucurbitaceae）黄瓜属（*Cucumis* Linn.）

形态学特征：一年生蔓生或攀缘草本。茎、枝伸长，有棱沟，被白色的糙硬毛。卷须细，不分歧，具白色柔毛。叶柄稍粗糙，有糙硬毛，长10~20cm。叶宽卵状心形，膜质，长、宽均为7~20cm，两面甚粗糙，被糙硬毛，3~5个角或浅裂，裂片三角形，有齿，有时边缘有缘毛，先端急尖或渐尖，基部弯缺半圆形，宽2~3cm，深2~2.5cm，有时基部向后靠合。雌雄同株。雄花常数朵在叶腋簇生，花梗纤细，长0.5~1.5cm，花萼筒狭钟状或近圆筒状，长8~10mm，花萼裂片钻形，花冠黄白色，长1.5~2cm，花冠裂片长圆状披针形，急尖，雄蕊3枚，花丝近无，花药长3~4mm，药隔伸出，长0.5~1mm。雌花单生，稀簇生，花梗粗壮，长1~2cm，子房纺锤形，粗糙，有小刺状突起。果实长圆形或圆柱形，长10~30cm，熟时黄绿色，表面粗糙，有具刺尖的瘤状突起。种子小，狭卵形，白色，无边缘，两端近急尖，长5~10mm。

生物学特性：花果期夏季。

分布：原产于亚洲南部和非洲。多数校区有分布。

黄瓜花（徐正浩摄）

黄瓜果实（徐正浩摄）

黄瓜花期植株（徐正浩摄）

黄瓜果期植株（徐正浩摄）

40. 葫芦　*Lagenaria siceraria* (Molina) Standl.

葫芦茎叶（徐正浩摄）

中文异名：瓠、瓠瓜

英文名：bottle gourd, calabash

分类地位：葫芦科（Cucurbitaceae）葫芦属（*Lagenaria* Ser.）

形态学特征：一年生攀缘草本。茎、枝具沟纹，被黏质长柔毛，老后渐脱落，变近无毛。叶柄纤细，长16~20cm，有和茎枝一样的毛被。叶卵状心形或肾状卵形，长、宽均为10~35cm，不分裂或3~5裂，具5~7条掌状脉，先端锐尖，边缘有不规则的齿，基部心形，弯缺开张，半圆形或近圆形，深1~3cm，宽2~6cm，两面均被微柔毛，叶背及脉上较密。卷须纤细，初时有微柔毛，后渐脱落，变光滑无毛，上部二歧。雌雄同株。雌、雄花均单生。雄花梗细，比叶柄稍长，花萼筒漏斗状，长1.5~2cm，花冠黄色，裂片皱波状，长3~4cm，宽2~3cm，先端微缺而顶端有小尖头，具5条脉，雄蕊3枚，花丝长3~4mm，花药长8~10mm，长圆形，药室折曲。雌花梗比叶柄稍短或与叶柄近等长，花萼和花冠似雄花，花萼筒长2~3mm，子房中间缢缩，密生黏质长柔毛，花柱粗短，柱头3个，膨大，2裂。果实初为绿色，后变白色至带黄色，果形变异很大。种子白色，倒卵形或三角形，顶端截形或2齿裂，稀圆形，长10~20mm。

葫芦花（徐正浩摄）

葫芦果实（徐正浩摄）

葫芦花期植株（徐正浩摄）

生物学特性：花期夏季，果期秋季。

分布：世界热带至温带地区广泛栽培。玉泉校区、华家池校区、紫金港校区有分布。

41. 南瓜 *Cucurbita moschata* (Duch. ex Lam.) Duch. ex Poiret

中文异名：番南瓜、番瓜

英文名：pumpkin, squash

分类地位：葫芦科（Cucurbitaceae）南瓜属（*Cucurbita* Linn.）

形态学特征：一年生蔓生草本。茎常节部生根，长2~5m，密被白色短刚毛。叶柄粗壮，长8~19cm，被短刚毛。叶宽卵形或卵圆形，质稍柔软，有5个角或5浅裂，长12~25cm，宽20~30cm，侧裂片较小，中间裂片较大，三角形，叶面密被黄白色刚毛和茸毛，常有白斑，叶脉隆起，各裂片的中脉常延伸至顶端，成一小尖头，叶背色较淡，毛更明显，边缘有小而密的细齿，顶端稍钝。卷须稍粗壮，与叶柄一样被短刚毛和茸毛，三歧至五歧。雌雄同株。雄花单生，花萼筒钟形，长5~6mm，裂片条形，长1~1.5cm，花冠黄色，钟形，长6~8cm，径4~6cm，5中裂，裂片边缘反卷，具皱褶，先端急尖，雄蕊3枚，花丝腺体状，长5~8mm，花药靠合，长10~15mm，药室折曲。雌花单生，子房1室，花柱短，柱头3个，膨大，顶端2裂。果梗粗壮，有棱和槽，长5~7cm，瓜蒂扩大成喇叭状。瓠果形状多样，因品种而异，外面常有数条纵沟或无。种子多数，长卵形或长圆形，灰白色，边缘薄，长10~15mm，宽7~10mm。

生物学特性：花期6—8月，果期9—10月。

分布：原产于墨西哥到中美洲一带。玉泉校区、华家池校区、紫金港校区有分布。

南瓜叶（徐正浩摄）

南瓜花（徐正浩摄）

南瓜果实（徐正浩摄）

南瓜幼果（徐正浩摄）

42. 栝楼 *Trichosanthes kirilowii* Maxim.

中文异名：药瓜、瓜楼、瓜蒌

分类地位：葫芦科（Cucurbitaceae）栝楼属（*Trichosanthes* Linn.）

形态学特征：攀缘藤本。长达10m。块根圆柱状，粗大肥厚。茎较粗，多分枝，具纵棱及槽，被白色伸展柔毛。叶纸质，轮廓近圆形，长宽均为5~20cm，常3~7浅裂至中裂，稀深裂或不分裂而仅有不等大的粗齿，裂片菱状倒卵形、长圆形，先端钝，急尖，边缘常再浅裂，叶基心形，弯缺深2~4cm，叶面深绿色，粗糙，叶背淡绿色，两面沿脉被长柔毛状硬毛，基出掌状脉5条，细脉网状，柄长3~10cm，具纵条纹，被长柔毛。卷须3歧至7歧，被柔毛。花雌雄异株。雄花总状花序单生，或与一单花并生，或在枝条上部者单生，总状花序长10~20cm，粗壮，具纵棱与槽，顶端有5~8朵花，单花花梗长10~15cm，花序中花梗长2~3mm，花萼筒筒状，长2~4cm，顶端扩大，花冠白色，裂片倒卵形，长15~20mm，宽10~18mm，顶端中央具一绿色尖头，两侧具丝状流苏，花药靠合，花丝分离。雌花单生，花梗长7.5cm，花萼筒圆筒形，长2~2.5cm，径1~1.2cm，裂片和花冠同雄花，子房椭圆形，绿色，长1.5~2cm，径0.6~1cm，花柱长1.5~2cm，柱头3个。果梗粗壮，长4~11cm。果实椭圆形或圆形，长7~10cm，成熟时黄褐色或橙黄色。种子卵状椭圆形，扁压，长11~16mm，宽7~12mm，淡黄褐色，近边缘处具棱线。

生物学特性：花期5—8月，果期8—10月。

分布：中国东北、华北、华东、华南、西南、西北等地有分布。朝鲜、日本、越南和老挝也有分布。华家池校区、玉泉校区、紫金港校区有分布。

栝楼果实（徐正浩摄）

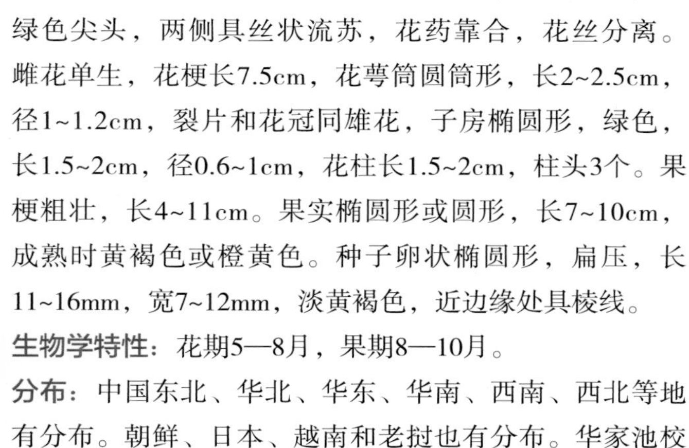

栝楼花期植株（徐正浩摄）

栝楼果期植株（徐正浩摄）

43. 向日葵 *Helianthus annuus* Linn.

中文异名：丈菊

英文名：common sunflower

分类地位：菊科（Compositae）向日葵属（*Helianthus* Linn.）

形态学特征：一年生高大草本。茎直立，高1~3m，粗壮，被白色粗硬毛，不分枝或有时上部分枝。叶互生，心状卵圆形或卵圆形，顶端急尖或渐尖，有3条基出脉，边缘有粗锯齿，两面被短糙毛，有长柄。头状花序极大，径10~30cm，单生于茎端或枝端，常下倾。总苞片多层，叶质，覆瓦状排列，卵形至卵状披针形，顶端尾状渐尖，被长硬毛或纤毛。花托平或稍凸，有半膜质托片。舌状花多数，黄色，舌片开展，长圆状卵形或长圆形，不结实。管状花极多数，棕色或紫色，结实。瘦果倒卵形或卵状长圆形，稍扁压，长10~15mm，有细肋，常被白色短柔毛，上端有膜片状早落的冠毛。

生物学特性： 花期7—9月，果期8—9月。

分布： 原产于北美洲。紫金港校区有栽培。

向日葵茎叶（徐正浩摄）

向日葵花期植株（徐正浩摄）

向日葵花（徐正浩摄）

44. 南茼蒿 *Chrysanthemum segetum* Linn.

中文异名： 茼蒿、蒿菜

英文名： crowndaisy chrysanthemum

分类地位： 菊科（Compositae）茼蒿属（*Chrysanthemum* Linn.）

形态学特征： 光滑无毛或几光滑无毛。茎高达70cm，不分枝或自中上部分枝。基生叶花期枯萎。中下部茎叶长椭

南茼蒿茎叶（徐正浩摄）

南茼蒿黄白花（徐正浩摄）

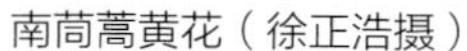
南茼蒿黄花（徐正浩摄）

南茼蒿植株（徐正浩摄）

圆形或长椭圆状倒卵形，长8~10cm，无柄，2回羽状分裂。1回为深裂或几全裂，侧裂片4~10对。2回为浅裂、半裂或深裂，裂片卵形或线形。头状花序单生于茎顶或少数生于茎顶，但并不形成明显的伞房花序，花梗长5~10cm。总苞径1.5~3cm。苞片4层，内层长1cm，顶端膜质扩大成附片状。舌片长1.5~2.5cm。舌状花瘦果有3条凸起的狭翅肋，肋间有1~2条明显的间肋。管状花瘦果有1~2条椭圆形凸起的肋及不明显的间肋。

生物学特性：花果期6—8月。

分布：原产于地中海。华家池校区、玉泉校区、紫金港校区有分布。

45. 莴笋　*Lactuca sativa* Linn. var. *angustata* Irish. ex Bremer

中文异名：茎用莴苣、莴苣笋

莴笋叶（徐正浩摄）

英文名：asparagus lettuce

分类地位：菊科（Compositae）莴苣属（*Lactuca* Linn.）

形态学特征：一年生或二年生草本。高25~100cm。根垂直直伸。茎直立，单生，上部圆锥状花序分枝，全部茎枝白色。基生叶及下部茎叶大，不分裂，倒披针形、椭圆形或椭圆状倒披针形，长6~15cm，宽1.5~6.5cm，顶端急尖、短渐尖或圆形，无柄，基部心形或箭头状半抱茎，边缘波状或有细锯齿。上部茎叶与基生叶及下部茎叶同形或披针形。头状花序多数或极多数，茎枝顶端排

莴笋成株（徐正浩摄）

莴笋居群（徐正浩摄）

成圆锥花序。舌状小花，12~15片。瘦果倒披针形，长3~4mm，宽1~1.5mm，扁压，浅褐色。冠毛2层，纤细，微糙毛状。

生物学特性：花果期2—9月。

分布：华家池校区、玉泉校区、紫金港校区有分布。

46. 生菜　*Lactuca sativa* Linn. var. *ramosa* Hort.

中文异名：叶用莴苣

英文名：lettuce

分类地位：菊科（Compositae）莴苣属（*Lactuca* Linn.）

形态学特征：莴苣的变种。与莴苣（*Lactuca sativa* Linn.）的主要区别在于叶长倒卵形，密集成甘蓝状叶球。

生物学特性：花果期2—9月。

分布：原产于欧洲地中海沿岸。华家池校区、玉泉校区、紫金港校区有分布。

生菜植株（徐正浩摄）

生菜居群（徐正浩摄）

47. 普通小麦　*Triticum aestivum* Linn.

英文名：wheat

分类地位：禾本科（Gramineae）小麦属（*Triticum* Linn.）

形态学特征：秆直立，丛生，具6~7个节，高60~100cm，径5~7mm。叶鞘松弛包茎，下部者长于上部者，短于节间，叶舌膜质，长0.5~1mm。叶片长披针形。穗状花序直立，长5~10cm（芒除外），宽1~1.5cm。小穗含3~9朵小花，上部者不发育。颖卵圆形，长6~8mm，主脉于背面上部具脊，顶端延伸为长0.5~1mm的齿，侧脉的背脊及顶齿均不明显。外稃长圆状披针形，长8~10mm，顶端具芒或无芒。内稃与外稃几等长。

生物学特性：花果期4—6月。

分布：华家池校区、紫金港校区有分布。

普通小麦植株（徐正浩摄）

48. 大麦 *Hordeum vulgare* Linn.

英文名：barley

分类地位：禾本科（Gramineae）大麦属（*Hordeum* Linn.）

形态学特征：一年生草本。秆粗壮，光滑无毛，直立，高50~100cm。叶鞘松弛抱茎，多无毛或基部具柔毛，两侧有2个披针形叶耳。叶舌膜质，长1~2mm。叶片长9~20cm，宽6~20mm，扁平。穗状花序长3~8cm（芒除外），径1~1.5cm，小穗稠密，每节着生3枚发育的小穗。小穗均无柄，长1~1.5cm（芒除外）。颖线状披针形，外被短柔毛，先端常延伸为8~14mm的芒。外稃具5条脉，先端延伸成芒，芒长8~15cm，边棱具细刺。内稃与外稃几等长。颖果熟时黏着于稃内，不脱出。

生物学特性：花果期4—5月。

分布：华家池校区、紫金港校区有分布。

大麦茎叶（徐正浩摄）

大麦穗（徐正浩摄）

大麦植株（徐正浩摄）

49. 稻 *Oryza sativa* Linn.

中文异名：水稻

英文名：rice

分类地位：禾本科（Gramineae）稻属（*Oryza* Linn.）

形态学特征：一年生水生草本。秆直立，高0.5~1.5m。叶鞘松弛，无毛。叶舌披针形，长10~25cm，两侧基部下延至叶鞘边缘，具2个镰形抱茎的叶耳。叶片线状披针形，长15~40cm，宽0.6~1.5cm，无毛，粗糙。圆锥花序大型，长15~30cm，分枝多，成熟期向下弯垂。孕性花外稃质厚，具5条脉，中脉成脊，表面有方格状小乳状突起，厚纸质，遍布细毛，端毛较密，有芒或无芒。内稃与外稃同质，具3条脉，先端尖而无喙。雄蕊6枚，花药长2~3mm。颖果长约3.5~5mm，宽2~4mm。

籼稻穗（徐正浩摄）

生物学特性：早稻7月成熟，晚稻11月成熟。

分布：华家池校区、紫金港校区有分布。

粳稻成熟期植株（徐正浩摄）

稻居群（徐正浩摄）

50. 高粱 *Sorghum bicolor* (Linn.) Moench

高粱花序（徐正浩摄）

中文异名：蜀黍

英文名：sorghum, great millet

分类地位：禾本科（Gramineae）高粱属（*Sorghum* Moench）

形态学特征：一年生草本。秆粗壮，直立，高3~5m，径2~5cm，基部节上具支撑根。叶鞘无毛或稍有白粉。叶舌硬膜质，先端圆，边缘有纤毛。叶线形至线状披针形，长40~70cm，宽3~8cm，先端渐尖，基部圆或微呈耳形，叶面暗绿色，叶背淡绿色或有白粉，两面无毛，边缘软骨质，具微细小刺毛，中脉较宽，白色。圆锥花序疏松，主轴裸露，长15~45cm，宽4~10cm，总梗直

高粱茎叶（徐正浩摄）

高粱叶（徐正浩摄）

立或微弯曲。无柄小穗倒卵形或倒卵状椭圆形，长4.5~6mm，宽3.5~4.5mm。两颖均革质，初时黄绿色，成熟后为淡红色至暗棕色。第1颖具12~16条脉。第2颖具7~9条脉。外稃透明膜质。第1外稃披针形。第2外稃披针形至长椭圆形，具2~4条脉。雄蕊3枚，花药长2~3mm。子房倒卵形。花柱分离，柱头帚状。颖果两面平凸，长3.5~4mm，淡红色至红棕色，熟时宽2.5~3mm。

生物学特性：花果期6—9月。

分布：华家池校区、紫金港校区有分布。

高粱成熟期植株（徐正浩摄）

高粱穗（徐正浩摄）

高粱植株基部（徐正浩摄）

51. 玉蜀黍　*Zea mays* Linn.

中文异名：玉米、包谷

英文名：corn, Indian corn, maize

分类地位：禾本科（Gramineae）玉蜀黍属（*Zea* Linn.）

形态学特征：一年生高大草本。秆直立，通常不分枝，高1~4m，基部各节具气生支柱根。叶鞘具横脉，叶舌膜质，长1~2mm。叶扁平宽大，线状披针形，基部圆形呈耳状，无毛或具柔毛，中脉粗壮，边缘微粗糙。顶生雄性圆锥花序大型，主轴与总状花序轴及其腋间均被细柔毛。雄性小穗孪生，长达1cm，小穗柄1长1短，分别长1~2mm及2~4mm，被细柔毛。两颖近等长，膜质，具10条脉，被纤毛。外稃及内稃透明膜质，稍短于颖。花药橙黄色，长3~5mm。雌花序被多数宽大的鞘状苞片所包藏。雌小穗孪生，成16~30条纵行排列于粗壮的序轴上，两颖等长，宽

玉蜀黍叶（徐正浩摄）

玉蜀黍植株（徐正浩摄）

玉蜀黍花期植株（徐正浩摄）

大，无脉，具纤毛。外稃及内稃透明膜质，雌蕊具极长而细弱的线形花柱。颖果球形或扁球形，成熟后露出颖片和稃片外，长5~10mm，宽略过于长，胚长为颖果的1/2~2/3。

生物学特性： 花果期秋季。

分布： 世界热带和温带地区广泛种植。华家池校区、紫金港校区有分布。

52. 芋 *Colocasia esculenta* (Linn.) Schott

中文异名： 芋头

英文名： eddoes, taro, dasheen

分类地位： 天南星科（Araceae）芋属（*Colocasia* Schott）

形态学特征： 湿生草本。块茎通常卵形，常生多数小球茎，均富含淀粉。叶2~3片或更多。叶柄长于叶片，长20~90cm，绿色。叶卵状，长20~50cm，先端短尖或短渐尖，侧脉4对，斜伸达叶缘，后裂片浑圆，合生长度达1/2~1/3，弯缺较钝，深3~5cm，基脉相交成30°，外侧脉2~3条，内侧脉1~2条，不显。花序梗常单生，短于叶柄。佛焰苞长15~20cm，管部绿色，长3~4cm，径2~2.5cm，长卵形，檐部披针形或椭圆形，长15~17cm，展开成舟状，边缘内卷，淡黄色至绿白色。肉穗花序长8~10cm，短于佛焰苞。雌花序长圆锥状，长3~3.5cm。中性花序长3~3.5cm，细圆柱状。雄花序圆柱形，长4~4.5cm，径5~7mm，顶端骤狭。

芋叶（徐正浩摄）

生物学特性： 在云南花期2—4月，在秦岭花期8—9月。

分布： 原产于中国、印度及马来半岛等地的热带地区。华家池校区、紫金港校区有分布。

芋植株（徐正浩摄）

芋居群（徐正浩摄）

53. 洋葱 *Allium cepa* Linn.

英文名： onion

分类地位： 石蒜科（Amaryllidaceae）葱属（*Allium* Linn.）

形态学特征： 鳞茎粗大，近球状至扁球状。鳞茎外皮紫红色、褐红色、淡褐红色、黄色至淡黄色，纸质至薄革质，内皮肥厚，肉质，均不破裂。叶圆筒状，中空，中部以下最粗，向上渐狭，比花葶短，粗在0.5cm以上。花葶粗壮，高可达1m，中空的圆筒状，在中部以下膨大，向上渐狭，下部被叶鞘。伞形花序球状，具多而密集的花。小花梗长2~2.5cm。花粉白色。花被片具绿色中脉，矩圆状卵形，长4~5mm，宽1~2mm。花丝等长，稍长于花被片。子房近球状。花柱长3~4mm。

生物学特性： 花果期5—7月。

分布： 原产于亚洲西部。华家池校区、紫金港校区有分布。

洋葱花序（徐正浩摄）

洋葱植株（徐正浩摄）

54. 葱 *Allium fistulosum* Linn.

英文名： bunching onion, green onion, Japanese bunching onion, scallion, spring onion, Welsh onion

分类地位： 石蒜科（Amaryllidaceae）葱属（*Allium* Linn.）

形态学特征： 鳞茎单生，圆柱状，径1~2cm，有时可达4.5cm。鳞茎外皮白色，稀淡红褐色，膜质至薄革质，不破裂。叶圆筒状，中空，向顶端渐狭，与花葶等长，粗在0.5cm以上。花葶圆柱状，中空，高30~50cm，中部以下膨大。伞形花序球状，多花。小花梗纤细，基部无小苞片。花白色。花被片长6~8.5mm，近卵形，先端渐尖，具反折的尖头。花丝为花被片长度的1.5~2倍，锥形，在基部合生并与花被片贴生。子房倒卵状，腹缝线基部具不明显的蜜穴。花柱细长，伸出花被外。

生物学特性： 花果期4—7月。

分布： 各校区有分布。

葱花序（徐正浩摄）

葱花期植株（徐正浩摄）

葱植株（徐正浩摄）

55. 蒜 *Allium sativum* Linn.

中文异名： 大蒜

英文名： garlic

分类地位： 石蒜科（Amaryllidaceae）葱属（*Allium* Linn.）

蒜植株基部（徐正浩摄）

形态学特征： 鳞茎球状至扁球状，通常由多数肉质、瓣状的小鳞茎紧密地排列而成，外面被数层白色至带紫色的膜质鳞茎外皮。叶宽条形至条状披针形，扁平，先端长渐尖，比花葶短，宽可达2.5cm。花葶实心，圆柱状，高可达60cm，中部以下被叶鞘。伞形花序密具珠芽，间有数朵花。小花梗纤细。花常为淡红色。花被片披针形至卵状披针形，长3~4mm。花丝比花被片短，基部合生并与花被片贴生。子房球状。花柱不伸出花被外。

生物学特性： 花期7月。

分布： 原产于西亚和中亚。各校区有分布。

蒜植株（徐正浩摄）

蒜居群（徐正浩摄）

56. 韭 *Allium tuberosum* Rottl. ex Spreng.

中文异名：韭菜

英文名：leek, garlic chives, Oriental garlic, Asian chives, Chinese chives, Chinese leek

分类地位：石蒜科（Amaryllidaceae）葱属（*Allium* Linn.）

形态学特征：具倾斜的横生根状茎。鳞茎簇生，近圆柱状。鳞茎外皮暗黄色至黄褐色，破裂成纤维状，呈网状或近网状。叶条形，扁平，实心，比花葶短，宽1.5~8mm，边缘平滑。花葶圆柱状，常具2条纵棱，高25~60cm，下部被叶鞘。伞形花序半球状或近球状，具多但较稀疏的花。小花梗近等长，比花被片长2~4倍。花白色。花被片常具绿色或黄绿色的中脉。花丝等长，为花被片长度的2/3~4/5，基部合生并与花被片贴生。子房倒圆锥状球形，具3条圆棱，外壁具细的疣状突起。

生物学特性：花果期7—9月。

分布：原产于亚洲东南部。各校区有分布。

韭花（徐正浩摄）

韭花期植株（徐正浩摄）

韭植株（徐正浩摄）

韭居群（徐正浩摄）

57. 姜 *Zingiber officinale* Rosc.

中文异名：生姜

英文名：ginger, ginger root, garden ginger

分类地位：姜科（Zingiberaceae）姜属（*Zingiber* Boehm.）

形态学特征：多年生草本。株高0.5~1m。根茎肥厚，多分枝，有芳香及辛辣味。叶披针形或线状披针形，长15~30cm，宽2~2.5cm，无毛，无柄。叶舌膜质，长2~4mm。总花梗长达25cm。穗状花序球果状，长4~5cm。花萼管长0.7~1cm。花冠黄绿色，管长2~2.5cm，裂片披针形，长不及2cm。雄蕊暗紫色，花药长7~9mm，药隔附属体钻状，长约7mm。

生物学特性： 花期秋季。

分布： 华家池校区、紫金港校区有分布。

姜叶（徐正浩摄）

姜植株基部（徐正浩摄）

姜植株（徐正浩摄）

参考文献

[1] 浙江植物志编辑委员会. 浙江植物志[M]. 杭州：浙江科学技术出版社，1993.
[2] 吴征镒. 中国植物志[M]. 北京：科学出版社，1991—2004.
[3]《中国高等植物彩色图鉴》编委会. 中国高等植物彩色图鉴[M]. 北京：科学出版社，2016.
[4] 中国在线植物志[DB/OL]. http://frps.eflora.cn.
[5] 泛喜马拉雅植物志[DB/OL]. http://www.flph.org.
[6] Flora of North America[DB/OL]. http://www. eFloras.org.

索　引

索引1　拉丁学名索引

A

Abelmoschus esculentus (Linn.) Moench　咖啡黄葵　139

Abelmoschus manihot (Linn.) Medicus　黄蜀葵　40

Achillea millefolium Linn.　蓍　9

Agapanthus africanus （Linn.) Hoffmanns.　百子莲　13

Agastache rugosa (Fisch. et Mey.) O. Ktze.　藿香　50

Aglaonema modestum Schott ex Engl.　广东万年青　82

Ajania pallasiana (Fisch. ex Bess.) Poljak.　亚菊　71

Alcea rosea Linn.　蜀葵　39

Allium cepa Linn.　洋葱　163

Allium fistulosum Linn.　葱　163

Allium sativum Linn.　蒜　164

Allium tuberosum Rottl. ex Spreng.　韭　165

Alocasia cucullata (Lour.) Schott　尖尾芋　83

Alocasia macrorrhiza (Linn.) Schott　海芋　84

Aloe vera (Linn.) Burm. f.　芦荟　94

Angelonia angustifolia Benth.　香彩雀　58

Anthurium andraeanum Linden　花烛　81

Antirrhinum majus Linn.　金鱼草　56

Apium graveolens Linn.　旱芹　141

Arachis hypogaea Linn.　落花生　130

Arundo donax ‘Versicolor’　花叶芦竹　77

Asparagus officinalis Linn.　石刁柏　88

Asparagus setaceus (Kunth) Jessop　文竹　87

Aspidistra elatior Bl.　蜘蛛抱蛋　88

Atractylodes macrocephala Koidz.　白术　69

B

Begonia semperflorens-cultorum Hort.　四季秋海棠　43

Bellis perennis Linn.　雏菊　59

Benincasa hispida (Thunb.) Cogn.　冬瓜　151

Bougainvillea glabra Choisy　光叶子花　19

Brasenia schreberi J. F. Gmel.　莼菜　113

Brassica chinensis Linn.　青菜　123

Brassica juncea (Linn.) Czern. et Coss. var. *foliosa* L. H. Bailey　大叶芥菜　126

Brassica juncea (Linn.) Czern. et Coss. var. *multiceps* Tsen et Lee　雪里蕻　127

Brassica oleracea Linn. var. *acephala* DC. f. *tricolor* Hort.　羽衣甘蓝　30

Brassica oleracea Linn. var. *botrytis* Linn.　花椰菜　129

Brassica oleracea Linn. var. *capitata* Linn.　甘蓝　128

Brassica rapa Linn. var. *chinensis* (Linn.) Kitam. 塌棵菜　122

Brassica rapa Linn. var. *glabra* Regel　白菜　122

Brassica rapa Linn. var. *oleifera* (DC.) Metzg.　芸薹　124

Brassica rapa Linn. var. *purpuraria* (L. H. Bailey) Kitamura　紫菜薹　125

C

Calendula officinalis Linn.　金盏花　69

Canna × *generalis* L. H. Bailey et E. Z. Bailey 大花美人蕉　110

Canna edulis Ker　蕉芋　118

Canna flaccida Salisb.　柔瓣美人蕉　111

Canna indica Linn.　美人蕉　109

Cannaceae × generalis ‘Variegata’　花叶美人蕉　112

Capsicum annuum Linn. var. *conoides* (Mill.) Irish 朝天椒　143

Capsicum annuum Linn.　辣椒　143

Catharanthus roseus (Linn.) G. Don　长春花　48

Celosia cristata ‘Plumosa’　凤尾鸡冠　17

Chlorophytum capense (Linn.) Voss　宽叶吊兰　91

Chlorophytum capense ‘Variegatum’　银边吊兰　91

Chlorophytum comosum (Thunb.) Baker　吊兰　90

Chrysanthemum morifolium ‘King’s Pleasure’　黄菊花　67

Chrysanthemum morifolium Ramat.　菊花　66

Chrysanthemum paludosum Poir.　白晶菊　75

Chrysanthemum segetum Linn.　南茼蒿　156

Citrullus lanatus (Thunb.) Matsumura et Nakai　西瓜　151

Cleome hassleriana Chodat　醉蝶花　29

Clivia miniata (Lindl.) Verschaff.　君子兰　96

Colocasia esculenta (Linn.) Schott　芋　162

Colocasia tonoimo Nakai　紫芋　78

Corchorus capsularis Linn. 黄麻 113
Corchorus olitorius Linn. 长蒴黄麻 114
Coreopsis tinctoria Nutt. 两色金鸡菊 72
Cosmos bipinnata Cav. 秋英 61
Cosmos sulphureus Cav. 黄秋英 62
Crassula arborescens (Mill.) Willd. 景天树 34
Cucumis sativus Linn. 黄瓜 152
Cucurbita moschata (Duch. ex Lam.) Duch. ex Poiret 南瓜 154
Cuphea hyssopifolia Kunth 细叶萼距花 45
Cyclamen persicum Mill. 仙客来 47

D

Daphne odora Thunb. f. *marginata* Makino 金边瑞香 44
Daucus carota Linn. var. *sativa* Hoffm. 胡萝卜 140
Dianella ensifolia (Linn.) DC. 山菅 95
Dianthus barbatus Linn. 须苞石竹 22
Dianthus caryophyllus Linn. 香石竹 23
Dianthus plumarius Linn. 常夏石竹 24
Dracaena angustifolia Roxb. 长花龙血树 93
Dracaena braunii Engl. 富贵竹 93

E

Echinacea purpurea (Linn.) Moench 松果菊 9
Echium plantagineum Linn. 车前叶蓝蓟 6
Epipremnum aureum (Linden et Andre) G. S. Bunting 绿萝 79
Euryale ferox Salisb. 芡实 4
Euryops pectinatus (Linn.) Cass. 黄金菊 70

F

Fagopyrum esculentum Moench 荞麦 120
Farfugium japonicum (Linn.) Kitam. 大吴风草 68
Festuca arundinacea Schreb. 苇状羊茅 76
Fragaria × ananassa Duch. 草莓 129

G

Gaillardia aristata Pursh. 宿根天人菊 65
Gerbera jamesonii Bolus 非洲菊 73
Glycine max (Linn.) Merr. 大豆 138
Gomphrena globosa Linn. 千日红 18
Gossypium barbadense Linn. 海岛棉 116
Gossypium hirsutum Linn. 陆地棉 115

H

Helianthus annuus Linn. 向日葵 155
Hemerocallis dumortieri Morr. 小萱草 13
Hibiscus cannabinus Linn. 大麻槿 114
Hippeastrum vittatum (L' Hér.) Herb. 花朱顶红 102
Hordeum vulgare Linn. 大麦 159
Hosta ventricosa (Salisb.) Stearn 紫萼 92
Hyacinthus orientalis Linn. 风信子 86
Hylotelephium erythrostictum (Miq.) H. Ohba 八宝 32

I

Ipomoea batatas (Linn.) Lam. 番薯 142
Iris domestica (Linn.) Goldblatt et Mabb. 射干 104
Iris japonica Thunb. 蝴蝶花 106
Iris pseudacorus Linn. 黄菖蒲 105
Iris tectorum Maxim. 鸢尾 105

J

Jacobaea maritima (Linn.) Pelser et Meijden 雪叶莲 75
Jasminum sambac (Linn.) Ait. 茉莉花 48

K

Kalanchoe blossfeldiana Poelln. 长寿花 33

L

Lablab purpureus (Linn.) Sweet 扁豆 133
Lactuca sativa Linn. var. *angustata* Irish. ex Bremer 莴笋 157
Lactuca sativa Linn. var. *ramosa* Hort. 生菜 158
Lagenaria siceraria (Molina) Standl. 葫芦 153
Leucanthemum vulgare Lam. 滨菊 74
Lilium brownii F. E. Brown ex Miellez var. *viridulum* Baker 百合 12
Liriope muscari 'Variegata' 金边阔叶山麦冬 93
Luffa acutangula (Linn.) Roxb. 广东丝瓜 150
Luffa aegyptiaca Mill. 丝瓜 149
Lycopersicon esculentum Mill. 番茄 146
Lycoris aurea (L' Hér.) Herb. 忽地笑 98
Lycoris longituba Y. Hsu et Q. J. Fan 长筒石蒜 99
Lycoris radiata (L' Hér.) Herb. 石蒜 98
Lycoris sprengeri Comes ex Baker 换锦花 100
Lysimachia congestiflora Hemsl. 临时救 4

M

Malva cathayensis M. G. Gilbert, Y. Tang et Dorr　锦葵　37
Malva verticillata Linn.　野葵　38
Matthiola incana (Linn.) R. Br.　紫罗兰　31
Melampodium divaricatum (Rich. ex Rich.) DC.
　皇帝菊　72
Miscanthus sinensis 'Gracillimus'　细叶芒　78
Miscanthus sinensis 'Zebrinus'　斑叶芒　77
Momordica charantia Linn.　苦瓜　148
Musa basjoo Sieb. et Zucc. ex Iinuma　芭蕉　108
Musella lasiocarpa (Franch.) Cheesman　地涌金莲　14

N

Narcissus tazetta subsp. *chinensis* (M. Roem.) Masam. et
　Yanagih.　水仙　97
Nelumbo nucifera Gaertn.　莲　25
Nicotiana tabacum Linn.　烟草　147
Nuphar pumila (Timm) DC. subsp. *sinensis* (Hand.-Mazz.)
　D. E. Padgett　中华萍蓬草　3
Nymphaea alba Linn.　白睡莲　26
Nymphaea rubra Roxb. ex. Andrews　红睡莲　26

O

Oenothera biennis Linn.　月见草　46
Oryza sativa Linn.　稻　159

P

Paeonia lactiflora Pall.　芍药　2
Paeonia suffruticosa Andr.　牡丹　1
Papaver nudicaule Linn.　野罂粟　28
Papaver rhoeas Linn.　虞美人　27
Pelargonium × *hortorum* L. H. Bailey　天竺葵　35
Pelargonium graveolens L' Hér.　香叶天竺葵　34
Pelargonium zonale (Linn.) L' Hér. ex Aiton
　马蹄纹天竺葵　35
Penstemon laevigatus subsp. *digitalis* (Nutt. ex Sims)
　R. W. Benn.　毛地黄钓钟柳　8
Pentas lanceolata (Forsk.) K. Schum　五星花　58
Pericallis hybrida B. Nord.　瓜叶菊　67
Petunia × *atkinsiana* D. Don ex W. H. Baxter　碧冬茄　53
Phalaenopsis aphrodite Rchb. f.　蝴蝶兰　15
Phaseolus vulgaris Linn.　菜豆　134
Phedimus aizoon (Linn.) 't Hart　费菜　32
Philodendron bipinnatifidum Schott ex Endl.
　羽叶喜林芋　82
Phlox drummondii Hook.　小天蓝绣球　6
Pilea cadierei Gagnep.　花叶冷水花　17
Pisum sativum Linn.　豌豆　132
Plectranthus scutellarioides (Linn.) R. Br.　五彩苏　52
Portulaca grandiflora Hook.　大花马齿苋　20
Portulaca umbraticola Kunth　环翅马齿苋　21
Portulacaria afra Jacq.　马齿苋树　22

R

Raphanus sativus Linn.　萝卜　121
Ratibida columnifera (Nutt.) Woot. et Standl.
　草原松果菊　10
Rohdea japonica Roth　万年青　89
Rosa odorata (Andr.) Sweet　香水月季　15

S

Saccharum officinarum Roxb.　甘蔗　116
Saccharum spontaneum Linn.　甜根子草　117
Sagittaria montevidensis Cham. et Schltdl.　大慈姑　11
Salvia pratensis Linn.　草地鼠尾草　7
Salvia splendens Sellow ex J. A. Schultes　一串红　51
Schoenoplectus trigueter (Linn.) Palla　藨草　117
Scrophularia ningpoensis Hemsl.　玄参　55
Sesamum indicum Linn.　芝麻　147
Solanum melongena Linn.　茄　146
Solanum tuberosum Linn.　阳芋　145
Sorghum bicolor (Linn.) Moench　高粱　160
Spathiphyllum kochii Engl. et K. Krause　白鹤芋　80
Symphytum officinale Linn.　聚合草　5

T

Tagetes erecta Linn.　万寿菊　63
Tagetes patula Linn.　孔雀菊　64
Tibouchina seecandra Cogn.　巴西野牡丹　14
Torenia fournieri Linden ex Fourn.　蓝猪耳　57
Tradescantia ohiensis Raf.　紫露草　11
Tradescantia zebrina (Schinz) D. R. Hunt　吊竹梅　85
Trichosanthes kirilowii Maxim.　栝楼　155

Triticum aestivum Linn.　普通小麦　158
Tropaeolum majus Linn.　旱金莲　36
Tulbaghia violacea Harv.　紫娇花　96

V

Verbena bipinnatifida Nutt.　羽裂美女樱　50
Verbena tenera Spreng.　细叶美女樱　49
Vicia faba Linn.　蚕豆　131
Victoria amazonica （Poepp.） Sowerby　王莲　2
Vigna angularis (Willd.) Ohwi et Ohashi　赤豆　137
Vigna radiata (Linn.) R. Wilczak　绿豆　137
Vigna umbellata (Thunb.) Ohwi et Ohashi　赤小豆　135
Vigna unguiculata (Linn.) Walp.　豇豆　136
Viola cornuta Linn.　角堇　42
Viola tricolor Linn.　三色堇　40

Z

Zamioculcas zamiifolia (Lodd.) Engl.　金钱树　85
Zantedeschia aethiopica (Linn.) Spreng.　马蹄莲　80
Zea mays Linn.　玉蜀黍　161
Zephyranthes candida (Lindl.) Herb.　葱莲　101
Zephyranthes carinata Herb.　韭莲　102
Zingiber officinale Rosc.　姜　165
Zinnia elegans Jacq.　百日菊　60
Zygocactus truncatus (Haw.) Schum.　蟹爪兰　44

索引2 中文名索引

B

八宝 *Hylotelephium erythrostictum* (Miq.) H. Ohba 32
巴西野牡丹 *Tibouchina seecandra* Cogn. 14
芭蕉 *Musa basjoo* Sieb. et Zucc. ex Iinuma 108
白菜 *Brassica rapa* Linn. var. *glabra* Regel 122
白鹤芋 *Spathiphyllum kochii* Engl. et K. Krause 80
白晶菊 *Chrysanthemum paludosum* Poir. 75
白术 *Atractylodes macrocephala* Koidz. 69
白睡莲 *Nymphaea alba* Linn. 26
百合 *Lilium brownii* F. E. Brown ex Miellez var. *viridulum* Baker 12
百日菊 *Zinnia elegans* Jacq. 60
百子莲 *Agapanthus africanus* (Linn.) Hoffmanns. 13
斑叶芒 *Miscanthus sinensis* 'Zebrinus' 77
碧冬茄 *Petunia* × *atkinsiana* D. Don ex W. H. Baxter 53
扁豆 *Lablab purpureus* (Linn.) Sweet 133
滨菊 *Leucanthemum vulgare* Lam. 74

C

菜豆 *Phaseolus vulgaris* Linn. 134
蚕豆 *Vicia faba* Linn. 131
草地鼠尾草 *Salvia pratensis* Linn. 7
草莓 *Fragaria* × *ananassa* Duch. 129
草原松果菊 *Ratibida columnifera* (Nutt.) Woot. et Standl. 10
常夏石竹 *Dianthus plumarius* Linn. 24
朝天椒 *Capsicum annuum* Linn. var. *conoides* (Mill.) Irish 143
车前叶蓝蓟 *Echium plantagineum* Linn. 6
赤豆 *Vigna angularis* (Willd.) Ohwi et Ohashi 137
赤小豆 *Vigna umbellata* (Thunb.) Ohwi et Ohashi 135
雏菊 *Bellis perennis* Linn. 59
莼菜 *Brasenia schreberi* J. F. Gmel. 113
葱 *Allium fistulosum* Linn. 163
葱莲 *Zephyranthes candida* (Lindl.) Herb. 101
长春花 *Catharanthus roseus* (Linn.) G. Don 48
长花龙血树 *Dracaena angustifolia* Roxb. 93
长寿花 *Kalanchoe blossfeldiana* Poelln. 33
长蒴黄麻 *Corchorus olitorius* Linn. 114
长筒石蒜 *Lycoris longituba* Y. Hsu et Q. J. Fan 99

D

大慈姑 *Sagittaria montevidensis* Cham. et Schltdl. 11
大豆 *Glycine max* (Linn.) Merr. 138
大花马齿苋 *Portulaca grandiflora* Hook. 20
大花美人蕉 *Canna* × *generalis* L. H. Bailey et E. Z. Bailey 110
大麻槿 *Hibiscus cannabinus* Linn. 114
大麦 *Hordeum vulgare* Linn. 159
大吴风草 *Farfugium japonicum* (Linn.) Kitam. 68
大叶芥菜 *Brassica juncea* (Linn.) Czern. et Coss. var. *foliosa* L. H. Bailey 126
稻 *Oryza sativa* Linn. 159
地涌金莲 *Musella lasiocarpa* (Franch.) Cheesman 14
吊兰 *Chlorophytum comosum* (Thunb.) Baker 90
吊竹梅 *Tradescantia zebrina* (Schinz) D. R. Hunt 85
冬瓜 *Benincasa hispida* (Thunb.) Cogn. 151

F

番茄 *Lycopersicon esculentum* Mill. 146
番薯 *Ipomoea batatas* (Linn.) Lam. 142
非洲菊 *Gerbera jamesonii* Bolus 73
费菜 *Phedimus aizoon* (Linn.) 't Hart 32
风信子 *Hyacinthus orientalis* Linn. 86
凤尾鸡冠 *Celosia cristata* 'Plumosa' 17
富贵竹 *Dracaena braunii* Engl. 93

G

甘蓝 *Brassica oleracea* Linn. var. *capitata* Linn. 128
甘蔗 *Saccharum officinarum* Roxb. 116
高粱 *Sorghum bicolor* (Linn.) Moench 160
瓜叶菊 *Pericallis hybrida* B. Nord. 67
光叶子花 *Bougainvillea glabra* Choisy 19
广东丝瓜 *Luffa acutangula* (Linn.) Roxb. 150
广东万年青 *Aglaonema modestum* Schott ex Engl. 82
栝楼 *Trichosanthes kirilowii* Maxim. 155

H

海岛棉 *Gossypium barbadense* Linn. 116

海芋 *Alocasia macrorrhiza* (Linn.) Schott 84

旱金莲 *Tropaeolum majus* Linn. 36

旱芹 *Apium graveolens* Linn. 141

红睡莲 *Nymphaea rubra* Roxb. ex. Andrews 26

忽地笑 *Lycoris aurea* (L' Hér.) Herb. 98

胡萝卜 *Daucus carota* Linn. var. *sativa* Hoffm. 140

葫芦 *Lagenaria siceraria* (Molina) Standl. 153

蝴蝶花 *Iris japonica* Thunb. 106

蝴蝶兰 *Phalaenopsis aphrodite* Rchb. f. 15

花椰菜 *Brassica oleracea* Linn. var. *botrytis* Linn. 129

花叶冷水花 *Pilea cadierei* Gagnep. 17

花叶芦竹 *Arundo donax* 'Versicolor' 77

花叶美人蕉 Cannaceae × generalis 'Variegata' 112

花朱顶红 *Hippeastrum vittatum* (L' Hér.) Herb. 102

花烛 *Anthurium andraeanum* Linden 81

环翅马齿苋 *Portulaca umbraticola* Kunth 21

换锦花 *Lycoris sprengeri* Comes ex Baker 100

皇帝菊 *Melampodium divaricatum* (Rich. ex Rich.) DC. 72

黄菖蒲 *Iris pseudacorus* Linn. 105

黄瓜 *Cucumis sativus* Linn. 152

黄金菊 *Euryops pectinatus* (Linn.) Cass. 70

黄菊花 *Chrysanthemum morifolium* 'King's Pleasure' 67

黄麻 *Corchorus capsularis* Linn. 113

黄秋英 *Cosmos sulphureus* Cav. 62

黄蜀葵 *Abelmoschus manihot* (Linn.) Medicus 40

藿香 *Agastache rugosa* (Fisch. et Mey.) O. Ktze. 50

J

尖尾芋 *Alocasia cucullata* (Lour.) Schott 83

姜 *Zingiber officinale* Rosc. 165

豇豆 *Vigna unguiculata* (Linn.) Walp. 136

蕉芋 *Canna edulis* Ker 118

角堇 *Viola cornuta* Linn. 42

金边阔叶山麦冬 *Liriope muscari* 'Variegata' 93

金边瑞香 *Daphne odora* Thunb. f. *marginata* Makino 44

金钱树 *Zamioculcas zamiifolia* (Lodd.) Engl. 85

金鱼草 *Antirrhinum majus* Linn. 56

金盏花 *Calendula officinalis* Linn. 69

锦葵 *Malva cathayensis* M. G. Gilbert, Y. Tang et Dorr 37

景天树 *Crassula arborescens* (Mill.) Willd. 34

韭 *Allium tuberosum* Rottl. ex Spreng. 165

韭莲 *Zephyranthes carinata* Herb. 102

菊花 *Chrysanthemum morifolium* Ramat. 66

聚合草 *Symphytum officinale* Linn. 5

君子兰 *Clivia miniata* (Lindl.) Verschaff. 96

K

咖啡黄葵 *Abelmoschus esculentus* (Linn.) Moench 139

孔雀菊 *Tagetes patula* Linn. 64

苦瓜 *Momordica charantia* Linn. 148

宽叶吊兰 *Chlorophytum capense* (Linn.) Voss 91

L

辣椒 *Capsicum annuum* Linn. 143

蓝猪耳 *Torenia fournieri* Linden ex Fourn. 57

莲 *Nelumbo nucifera* Gaertn. 25

两色金鸡菊 *Coreopsis tinctoria* Nutt. 72

临时救 *Lysimachia congestiflora* Hemsl. 4

藺草 *Schoenoplectus trigueter* (Linn.) Palla 117

芦荟 *Aloe vera* (Linn.) Burm. f. 94

陆地棉 *Gossypium hirsutum* Linn. 115

萝卜 *Raphanus sativus* Linn. 121

落花生 *Arachis hypogaea* Linn. 130

绿豆 *Vigna radiata* (Linn.) R. Wilczak 137

绿萝 *Epipremnum aureum* (Linden et Andre) G. S. Bunting 79

M

马齿苋树 *Portulacaria afra* Jacq. 22

马蹄莲 *Zantedeschia aethiopica* (Linn.) Spreng. 80

马蹄纹天竺葵 *Pelargonium zonale* (Linn.) L' Hér. ex Aiton 35

毛地黄钓钟柳 *Penstemon laevigatus* subsp. *digitalis* (Nutt. ex Sims) R. W. Benn. 8

美人蕉 *Canna indica* Linn. 109

茉莉花 *Jasminum sambac* (Linn.) Ait. 48

牡丹 *Paeonia suffruticosa* Andr. 1

N

南瓜 *Cucurbita moschata* (Duch. ex Lam.) Duch. ex Poiret 154

南茼蒿 *Chrysanthemum segetum* Linn. 156

P

普通小麦 *Triticum aestivum* Linn. 158
千日红 *Gomphrena globosa* Linn. 18
芡实 *Euryale ferox* Salisb. 4

Q

荞麦 *Fagopyrum esculentum* Moench 120
茄 *Solanum melongena* Linn. 146
青菜 *Brassica chinensis* Linn. 123
秋英 *Cosmos bipinnata* Cav. 61

R

柔瓣美人蕉 *Canna flaccida* Salisb. 111

S

三色堇 *Viola tricolor* Linn. 40
山菅 *Dianella ensifolia* (Linn.) DC. 95
芍药 *Paeonia lactiflora* Pall. 2
射干 *Iris domestica* (Linn.) Goldblatt et Mabb. 104
生菜 *Lactuca sativa* Linn. var. *ramosa* Hort. 158
蓍 *Achillea millefolium* Linn. 9
石刁柏 *Asparagus officinalis* Linn. 88
石蒜 *Lycoris radiata* (L' Hér.) Herb. 98
蜀葵 *Alcea rosea* Linn. 39
水仙 *Narcissus tazetta* subsp. *chinensis* (M. Roem.) Masam. et Yanagih. 97
丝瓜 *Luffa aegyptiaca* Mill. 149
四季秋海棠 *Begonia semperflorens-cultorum* Hort. 43
松果菊 *Echinacea purpurea* (Linn.) Moench 9
蒜 *Allium sativum* Linn. 164

T

塌棵菜 *Brassica rapa* Linn. var. *chinensis* (Linn.) Kitam. 122
天竺葵 *Pelargonium* × *hortorum* L. H. Bailey 35
甜根子草 *Saccharum spontaneum* Linn. 117

W

豌豆 *Pisum sativum* Linn. 132
万年青 *Rohdea japonica* Roth 89
万寿菊 *Tagetes erecta* Linn. 63
王莲 *Victoria amazonica* （Poepp.） Sowerby 2
苇状羊茅 *Festuca arundinacea* Schreb. 76
文竹 *Asparagus setaceus* (Kunth) Jessop 87
莴笋 *Lactuca sativa* Linn. var. *angustata* Irish. ex Bremer 157
五彩苏 *Plectranthus scutellarioides* (Linn.) R. Br. 52
五星花 *Pentas lanceolata* (Forsk.) K. Schum 58

X

西瓜 *Citrullus lanatus* (Thunb.) Matsumura et Nakai 151
细叶萼距花 *Cuphea hyssopifolia* Kunth 45
细叶芒 *Miscanthus sinensis* ‘Gracillimus’ 78
细叶美女樱 *Verbena tenera* Spreng. 49
仙客来 *Cyclamen persicum* Mill. 47
香彩雀 *Angelonia angustifolia* Benth. 58
香石竹 *Dianthus caryophyllus* Linn. 23
香水月季 *Rosa odorata* (Andr.) Sweet 15
香叶天竺葵 *Pelargonium graveolens* L' Hér. 34
向日葵 *Helianthus annuus* Linn. 155
小天蓝绣球 *Phlox drummondii* Hook. 6
小萱草 *Hemerocallis dumortieri* Morr. 13
蟹爪兰 *Zygocactus truncatus* (Haw.) Schum. 44
宿根天人菊 *Gaillardia aristata* Pursh. 65
须苞石竹 *Dianthus barbatus* Linn. 22
玄参 *Scrophularia ningpoensis* Hemsl. 55
雪里蕻 *Brassica juncea* (Linn.) Czern. et Coss. var. *multiceps* Tsen et Lee 127
雪叶莲 *Jacobaea maritima* (Linn.) Pelser et Meijden 75

Y

亚菊 *Ajania pallasiana* (Fisch. ex Bess.) Poljak. 71
烟草 *Nicotiana tabacum* Linn. 147
阳芋 *Solanum tuberosum* Linn. 145
洋葱 *Allium cepa* Linn. 163
野葵 *Malva verticillata* Linn. 38
野罂粟 *Papaver nudicaule* Linn. 28
一串红 *Salvia splendens* Sellow ex J. A. Schultes 51
银边吊兰 *Chlorophytum capense* ‘Variegatum’ 91
虞美人 *Papaver rhoeas* Linn. 27
羽裂美女樱 *Verbena bipinnatifida* Nutt. 50
羽叶喜林芋 *Philodendron bipinnatifidum* Schott ex

Endl. 82
羽衣甘蓝 *Brassica oleracea* Linn. var. *acephala* DC. f. *tricolor* Hort. 30
玉蜀黍 *Zea mays* Linn. 161
芋 *Colocasia esculenta* (Linn.) Schott 162
鸢尾 *Iris tectorum* Maxim. 105
月见草 *Oenothera biennis* Linn. 46
芸薹 *Brassica rapa* Linn. var. *oleifera* (DC.) Metzg. 124

Z

芝麻 *Sesamum indicum* Linn. 147
蜘蛛抱蛋 *Aspidistra elatior* Bl. 88
中华萍蓬草 *Nuphar pumila* (Timm) DC. subsp. *sinensis* (Hand.-Mazz.) D. E. Padgett 3
紫菜薹 *Brassica rapa* Linn. var. *purpuraria* (L. H. Bailey) Kitamura 125
紫萼 *Hosta ventricosa* (Salisb.) Stearn 92
紫娇花 *Tulbaghia violacea* Harv. 96
紫露草 *Tradescantia ohiensis* Raf. 11
紫罗兰 *Matthiola incana* (Linn.) R. Br. 31
紫芋 *Colocasia tonoimo* Nakai 78
醉蝶花 *Cleome hassleriana* Chodat 29